U0320695

我为什么要建造新国立体育场

建筑家·隈研吾的感悟

kuma kengo
隈研吾

山东人民出版社·济南
国家一级出版社 全国百佳图书出版单位

图书在版编目（CIP）数据

我为什么要建造新国立体育场/（日）隈研吾著；李达章译. --济南：山东人民出版社，2019.9
ISBN 978-7-209-10998-7

Ⅰ. ①我… Ⅱ. ①隈… ②李… Ⅲ. ①体育场-建筑设计-研究-日本 Ⅳ. ①TU245.4

中国版本图书馆CIP数据核字(2017)第197286号

我为什么要建造新国立体育场
WOWEISHENMEYAOJIANZAOXINGUOLITIYUCHANG
（日）隈研吾 著 李达章 译

主管单位 山东出版传媒股份有限公司
出版发行 山东人民出版社
出 版 人 胡长青
社　　址 济南市英雄山路165号
邮　　编 250002
电　　话 总编室（0531）82098914
市场部（0531）82098027
网　　址 http://www.sd-book.com.cn
印　　装 山东新华印务有限责任公司
经　　销 新华书店

规　　格 32开（130mm×185mm）
印　　张 7
字　　数 70千字
版　　次 2019年9月第1版
印　　次 2019年9月第1次
ISBN 978-7-209-10998-7
定　　价 48.00元
如有印装质量问题，请与出版社总编室联系调换。

前言 | 隈研吾

在这本书中，我很想描述自己生活在怎样一个时代。用一句话来表达，就是我的生活跨越了1964年东京奥运会并将要跨越2020年东京奥运会。若问这两届奥运会分别象征着什么时代，以及自己又是如何跨越这两个时代的，我想从体育场馆的角度来思考这个问题。

诚然，这个问题不可能在如此单薄的一本小书中得到完全阐述。毕竟1964年和2020年分别是两个特殊的年代。这些也让我不得不去思考所谓日本的近现代究竟是什么？日本从哪里来又将向何处去？

带着这种意识，开始了我的设计。是的，就如同背负着两个年代，以承载那段历史潮流的心情开始了我的设计。一边思索两个时代对建筑的不同需求，一边着手设计制图。我渴望能用清晰的实物来揭示在两个时代中，社会与建筑之间、社会与人之间的关系究竟有何不同，并据此筛选建材，确定建筑的形态。我们勾勒一张张图纸时，思考如何才能让那建筑涵盖这两个时代之间诸如经济衰退、地震灾害等曾经发生的一切。是的，本书诞生的目的就是希望人们能理解这一切。

在我们团队中，同样抱有如此沉甸甸、富有深意情怀的还有大成建设的山内隆司会长和梓设计的杉古文彦社长。另外，我还想告诉你们，在我们团队的普通成员中，始终涌动着一股激励人们几乎每天制图到深夜的高昂斗志，拜托了，多听听他们的心声吧。

2016年4月

目录

第一章 ｜ 于逆境之中建设新国立体育场

简直就是晴天霹雳，参加奥运场馆的重新设计

我仰慕建筑家，并立志走这条路的起因就是1964年的东京奥运会。为奥运会建造的、由丹下健三先生设计的代代木国立综合体育馆[①]的“代代木第一体育馆”和“代代木第二体育馆”对当时还是小学生的我来说，其冲击力实

---

① 译者注：日语“国立代々木競技場”常被国内习惯称之为代代木国立综合体育馆。由于体育馆和体育场的内涵不同，且2020年东京奥运会已决定不采用开闭式屋顶的设计方案，故本译文将“竞技场”译为“体育场”。

在太大了，简直太帅了。于我而言，一切从这里开始。

从20世纪80年代起，我将自己的事务所搬到了外苑前[①]，至今每天上下班都会从国立体育馆场地附近经过。因此对我来说，2020年再次举办东京奥运会，而且是在明治神宫外苑附近重新建设举办庆典的主会场“新国立体育场”，这“事件”的确让我有一种特别的感慨。

但是，确实从没想过自己居然能参与新国立体育场的设计。

我突然这么说，或许你还是无法相信，但是2012年首次为了重新设计、建设国立体育场而举办“新国立体育场基本构想国际设计招标大赛”的时候，我的确没有要去参加的想法。毕竟，设计招标的报名条件写着，要拥有普利

① 译者注：外苑指东京中心部、明治神宫附近由民间出资建造的纪念性设施，全称为“明治神宫外苑”。“外苑前”现已成为特定区域的统称，也用于车站名等。

兹克奖[1]或美国建筑师协会的AIA金奖，也就是说你要拥有只有泰斗级大师荣获的奖项才可以报名。或者，你要拥有建造大型体育场馆的实际业绩。而无论前者还是后者，都不会找到我头上来吧。（笑）

我当然知道，这座建筑对东京乃至对日本而言，具有里程碑式的重要性。所以，非要报名参加这个原本就不会找到你的项目，岂不是太自不量力了。再说，花上几个月的时间拼命拿出来的设计图纸，其获得通过的可能性也是微乎其微。因此，从那时起我就把这件事淡忘了。

但是，就在设计评选确定了扎哈·哈迪德的方案，以及后来国际奥委会正式决定2020年夏季奥运会在东京举办之后，世间开始围绕针对扎哈方案的赞与否发出了不同的声音。对于事务所就在外苑前的我，对诸如选定的方案与

---

① 译者注：俗称建筑界的诺贝尔奖。

外苑的环境是否融合、预算是否合理可行、新建国立体育场是否是大家喜爱的建筑等，当然会十分关注。与此同时，当我看到建筑师所肩负的责任被过分责难时，我开始察觉，“此事已然不再事不关己了”。是的，外苑的茂密绿荫对我来说承载了太多的意义。

神宫外苑那片区域不仅是我上下班的通勤之路，而且于个人而言也是寄托了各种思绪的地方。早在学生时代，国立体育馆旁边的“外苑网球俱乐部”是我经常驻足的地方。中午，在那里打网球，晚上会去体育场内增设的名曰“体育桑拿”的体育中心。这里是穷学生也可以利用的舒适、便宜的桑拿场所。运动之后，在桑拿房蒸蒸汗，来一杯啤酒，吃一碗拉面，还能绘制设计图纸。拥有这些回忆的场所即将变成设计招标确定方案中那巨大、令人无法愉悦的建筑物，一想到这些，恕我直言，心中的确是五味杂陈。

但即便如此，说心里话，没有想到扎哈的设计方案会被取消。通常，由官方举办的国家级项目设计招标选定的设计方案被弃用是不可能发生的。可事态就在日本不断发酵，最终导致扎哈的方案被取消，新设计招标的钟摆突然启动。

不过，重启的设计招标有个前提，要求从设计阶段开始，必须由施工方和设计方组成团队，即采用“设计-施工总承包模式（design to construction system）[①]”。所以，我一直认为能够高效推进此事的一定是大型建筑工程承包商联手设计公司。就算自告奋勇的优秀建筑工程承包商挺身而出，估计也不会找像我这样只以个

---

① 译者注：设计－施工总承包（design to construction system）是指，作为削减建设成本的对策，将设计的一部分和施工以一揽子方式发包。这样做可促使设计、施工承包方将拥有的新技术直接运用到设计当中，从而达到削减成本的目的。这是一种可满足发包方最重视的责任一体化、缩短工期等要求的模式，这也使得人们对设计施工总承包体系的期待与日俱增。另外，也称为“DB，Design-Build”。

人名义工作的建筑师。然而突然之间，大成建设的一个电话“要不要一起干”，把我彻底惊呆了！“怎么会？！”这是当时我发自心底的第一声。如此规模的项目，让一个个体建筑师参与，这在近来保守的日本社会简直是不可能的事。但为了建筑师职业操守的那团烈火不至于熄灭，接受并全力以赴，这是我的决定。“承蒙抬爱，我定当不辱使命。”

世界因“被动”而奋起

或许会招来某些误解，但我还是要说一句，我这个人基本属于“找到我，我就干”这一类型，一贯如此。若是那种自我推销或毛遂自荐，我的基本看法是你很难做好你真正想做的工作。

虽然商务类等书籍经常会告诫读者，“自己要积极主动地说‘我想做’，这种撞击对方心灵的气魄很重要”。但是，不仅在日本国内，而且随着你在海外工作机会的不断增加，这种自我推销的做法在国际上反而会起到消极作用，这是我的亲身体会。

没错，在日本商界，为了获取某项工作，你必须抱着极大的诚意前去登门造访，这是最起码的态度。当你获取了“工作”之后，你就会像佣人杂役一样，奉献一切。（笑）

当然，不能否定这种做法是长久以来成就“日本式”素养的法宝。因为在日本，所谓“杂役精神”已经植根于社会，从结果看，它维系了高质量的工作。然而，在经济全球一体化的背景下，登门讨要工作是被人看低的。实际上，你在国外自己主动表白“我想做”和让委托人前往是一样的，会被认为“此人想讨要一份工作”，会被人轻蔑，会被人刻意讨价还价，会被人刁钻折磨，因此想要的好结果也不会发生。

我原本就属于“往者不追，来者不拒”那种典型的“被动”人。从2000年开始，我在国外的工作骤然增多，其中“被动”的工作也随之猛增。

也许有人担心被动的等待怎么会拿到工作，但仅限我而言，现实与其正好相反。在当今这个时代，全球任何一个人都可以通过网络很容易就查询到各种各样的建筑。于是，如果喜欢我设计的建筑，人们便可以通过网络在任何地方与我联系。而这些联系我的人，对我设计的建筑特点、特性事先就已经了解，因此工作上的差错或意见相左的情况很少出现。

在日本市场这样一块利益小蛋糕中，即在已形成过从甚密的人际环境中，诸如“登门造访，可否让我来干这件工作”这类礼节性的做法或许很有效。但在世界市场这个利益大蛋糕中，或曰在“茫茫大海之中”，亲自登门造访的最后，反而会让自己处于不利的境地。换句话说，即降低了身价，人家还不给你应有的发言权，那你怎么可能干好工作呢？最终的结果只能让你陷入即便拿到了工作也无法干好工作的两难境地。

不仅是我们这些建筑师，日本商界的精英们今后也还是别去登门造访了吧。（笑）无论是公司职员或是自由职业者，还是好好磨炼自己的能力，从周围赢得对你工作的信赖比较好。这样一来，即便不去登门造访也会有条件很好的工作找到你。至少，我觉得保持一种坚信自我的思维方式会好些。那种“干啥都行，这份工作让我来做吧”，在现实中只会让你越来越窘迫。（见P32～P33图1）

俯下身来倾听

从我“愉快”接受大成建设发出的邀请，到重启设计招标的截止日期，可利用的时间只剩下两个半月了。

我与大成建设之间，曾有过几次工作上

的合作。例如，前些年新潟县长冈市的市政厅“相会长冈”（2012）和东京都的“丰岛区市役所”（2015）便是共同合作的项目。但是，大成建设参加新国立体育场建设的团队成员与之前合作的成员完全不同。同样参加设计招标的梓设计公司成员也都是陌生的面孔。因此，最初他们对我总会有点戒备吧。毕竟，我等个体建筑师在建筑界被定义为“总会发出奇怪言论的我行我素之人”。

时间紧，若建筑师还喋喋不休地发出奇谈怪论，到截止日期岂不是转瞬即逝的事。所以，在最初阶段，为了消除团队成员的担心，我将注意力放在沟通与交流上。虽然创造性也很重要，但营造一个可发挥创造性的、交流通畅的“场所”，以及构筑成员之间的信赖关系也很重要。我想，无论是什么样的团队，若没有一个值得信赖的基础，成员之间的配合将无从谈起。因此，在初期的会议上，我的角色就是倾听。

贯彻了倾听的角色，来自大家的“现在有这种施工方法”“这种时候，可以使用这种方法”等等各种最新技术实例，好点子就会层出不穷。而在听取各方面提案的过程中，以后的项目“评估关键点”也会逐渐清晰。若此时你有几种方案可以提请设计招标评估审核，但对评估审核的关键点始终茫然不解的话，那么还是多倾听他人怎么说，直到你弄懂为止。

紧紧抓住围绕该项目的评估关键点，对拿下体育场这类大型建筑项目来说是非常重要的。若在发现关键点之前，就从趾高气扬的“我觉得，我认为……”开始，下结论似的说“这个建筑就该是这个样子”，那么你怎么可能抓住关键点呢？随之而来的是，合作伙伴对你敬而远之、放弃，“好吧，那就这样做吧”，等等。于是你就会陷入日本式的“得过且过主义”，一步一步走向错误的深渊。

不管是什么样的项目，最初你都很难发现

所谓的“切入点”。此时，最好不要乱发言，而要努力听取大家的意见，只需要表示理解，最多低声叽咕一句“嗯……怎么说呢”。于是，就会营造出一个大家既不拘谨又能自由发表意见的氛围。只要能烘托出这样的氛围，整个团队就不是那种“互谦型”的团队，而是“建设型”的团队。每当听到“我觉得，不是这样的”此类绝非客套的意见时，我反而会非常高兴。

高度由75米变成49米

此次重启的设计招标给予的报名期限真是短的要命。通常，从发表招标预告（要求）到最终投标方落实方案，会有4～6个月的缓冲时间。这期间，投标方要左思右想，如文字所示，在究竟往左还是往右的过程中，直到最后都在思考方案的各种可能性。

然而此次完全没有思考向左或向右的多余

时间。当你有了“稍纵即逝，已没有彷徨的时间”这种紧迫感时，反而容易确定你的方向。其他投标方的处境也一样，要梳理最终的方案，在截止日期前两周左右开始制图。从这一点看，彼此都是一样的。

就建筑设计而言，我始终有两个原则。一是“尽可能降低建筑的高度”。另一个是“尽可能使用当地的自然素材”。其实就这么简单。（笑）

扎哈方案中新国立体育场的建筑高度为75米，设定的高度算是非常高了。在重启设计投标方案中，我们最初遇到的挑战就是能让建筑的高度降低多少。

招标有设计要求，对新国立体育场这种建筑的要求事项有很多记载。例如，对观众席和田径场地、建筑形状需具备的条件、环境与发展及安全等都有十分详尽的要求。要满足这些条件，该建筑的空间就只能是大体量的。因此，

既要满足各种要求，又要将建筑高度降低，这绝非是件容易的事。(见P32～P33图2)

纵观前后，成功中标的关键就是“高度”，这是我当时的想法。比如关于体育场屋顶的结构问题，除了有大成建设和梓设计的结构负责人之外，我们还邀请了东京大学的稻山正弘教授和东京艺术大学的金田充弘准教授两位极富创意的专业人士参加，反复研讨。经过讨论、论证，大致明确了我们的方案：将支撑大型屋顶的结构简单化，将3层观众看台的每层高度进行压缩，整体高度可下降至49米。当我听到结构组传来消息说，高度可以从75米下调至65%时，“太好了，准行！”这让我第一次感到一股自信油然而生。是的，只要高度控制在50米以下，实现与神宫外苑附近景观相融合的体育场建设就不成问题，这是我一直以来的想法。顺便介绍一下，之前的国立体育馆的灯光照明顶部高度为60米。

人，终要汇集到“木造建筑”

大成建设为什么会选择我呢？在“相会长冈”和“丰岛区市役所”项目中，我与大成建设的团队建立了良好的关系，加之两个项目均属于为实现21世纪紧凑型城市而做的实验项目，且获得了极高的赞誉，我想可能是这个原因吧。这两个项目均和以往的公共建筑不同，使用了大量的木材。

在日本体育振兴中心（JSC）发表的重启设计投标概要中有这样的文字：“能够以现代方式表现我国的气候、风土、传统的体育场。”或许，这个内容也是让大成建设想到我的原因吧。

目前，日本建筑界在关于“日本式施工法”以及“使用木材”方面，可谓积极推进、顺风满帆。这十多年来，因木造建筑的耐燃技术取得了显著进步，不仅在法律法规方面，甚至在各个层面都制定了针对木结构大型公共建筑的

激励制度。(见P64～P65图3)

在这一潮流中，“相会长冈”和“丰岛区市役所”的设计均采用了木材等自然素材，并得到了市民的好评。例如，“相会长冈”项目大量使用了当地出产的越后杉[①]。在建筑的中央还设计了一个取名为“中土间”[②]的、如农家门庭一样温馨的中庭空间。在“中土间”这个地方，每天都有很多爷爷、奶奶、放学回家的中小学生、高中生、带孩子的母亲不约而同地汇集到这里。当听说来访者已经达到120万人的时候，真的让我大吃一惊。也许是看到这里门庭若市的兴旺景象，大成建设才将我的设计过誉为“现时代深受市民爱戴的建筑”吧。

---

① 译者注：日本新潟县越后地区出产的杉树。

② 译者注：“中土间”是日语中一个特有的词汇，特指家的门厅没有铺设地板的地方，以区别脱鞋进到铺设地板的地方。“中土间”的原意指没有铺地板的地面，或三合土的地方，现在泛指一般家庭进门脱鞋的地方。

被人说“建筑家都很古怪”这好吗?

此次新国立体育场采用的是“设计-施工总承包模式(design to construction system)”。但在“工作室学派”的建筑大师当中，并不认可设计、施工总承包模式的意见也是有的。我想，这是基于“设计者凌驾于施工者，且设计者的存在应该是独立自主的”这一欧洲古典建筑家形象之上的争论。那么，如何才能逾越上述的建筑家形象，从而树立一个与现时代相适应的、民主且开放的建筑家形象呢？这是我一直在思考的问题。

就我个人而言，无论国内外，作为工程督导我也参加过不少设计、施工总承包模式的项目。

例如，我的事务所现在承接的瑞士联邦工科大学洛桑学院（EPFL）校舍就是木造设计，该项目采用的是设计、施工总承包模式。在洛桑学院，首先由瑞士的建筑工程承包商与委托方洛桑学院签订包括设计在内的合同，而我们就在建筑工程承包商的麾下进行设计。建筑工程承包商对我们的设计提案会提出诸如“这里的设计希望修改一下”“这个材料能否更换一下”等各种要求。而面对这些要求，就需要我们寻找出彼此都可接受的、合适的妥协方案，在规定的成本之下，探索可实现的最佳解决方案。对此，我们始终锲而不舍。

也许有人会想，在设计方案或使用的材料上妥协，对建筑师来说一定是很艰难的选择吧。但是，只要你坚韧不拔、全力以赴，不放弃你应有的素养，就能建造出好的建筑。与其说这是我的信念，不如说这是我们事务所全体成员的哲学理念。甚至可以说，通过全体成员在各种意想不到的情况下去探索最佳妥协方案，也起到了提升整体项目相关人员成就感的作用。其结果，可以让你的素养抵达一个更高层面。日本人总是认为“妥协”二字带有消极意味，但是，我以为这“妥协”是成年人理应必备的高级能力之一，因为这个社会需要“完美妥协”。

建筑界的老前辈们针对设计、施工总承包模式所持的抵触情绪，我觉得起因在于过去这种模式仅限于日本的建筑工程承包商。因为有一种意识，即“与欧美一样，建筑家是深受社会尊敬的职业，在这个以建筑工程承包商为主导的社会，设计、施工总承包模式简直无法想象”，从学生时代开始就已经植根于日本的建筑教育之中。也就是说，“设计施工”这一概念在相对落伍的、封建式体系中一直被告知“设计”与“施工”彼此呈分离状才是现代的做法。

但是，进入21世纪之后，世界发生了巨大的变化。当然，建筑家所处的环境也发生了改变。IT革命风起云涌，中国、俄罗斯、印度更趋强国化，世界环境发生了巨变。在这变化中，原有的建筑体系，即建筑家个人高高在上的、如同上帝掌控一切的欧洲古典模式已然丧失了它应有的功能。于是，在这大潮中，建筑家渐渐被视为不了解社会的、只会自作主张的古怪之人并开始被社会边缘化。这种危机感，当你的工作越是走向世界就会越强烈。

实际上，即便在信奉权威主义的欧洲，如今采用设计、施工总承包模式的项目也是比比皆是、见多不怪的。对于建筑项目，欧洲市民的眼睛一贯是无比犀利的，所以超预算或拖延工期是委托方最想规避的。那么，对成本、工期相对容易掌控的设计，施工总承包模式就成为一种注重现实的选择。另外，在美国常有启用多家工程咨询公司一起实施项目的做法。在这一过程中，建筑家要做的是建筑物正面，即建筑外观的设计咨询工作。其做法是，多家工程咨询公司由一个称为“施工管理（CM）”的工程咨询公司负责协调和统筹。该CM负责成本、工期计划，它发挥的作用十分重要。（见P64～P65图4）

如上所述，社会与建筑之间的关系在不断

发生改变。这当中，建筑家被迫陷入了一个只会建造奇怪形状的怪人的窘境。我目前在大学给学生们讲课，从老师的立场来说，我不希望那些认真学习建筑的优秀年轻人在未来步入社会之时，成为一个被认为只会设计小型住宅的怪人。一个具备良好建筑设计能力的人不仅在建筑方面，在身处社会各种场合时还应具备发现解决问题方法的能力。所谓设计，不是指有如何让外观更漂亮的能力。它在这个复杂的社会里还有个别名，即他人想都想不到的、发现综合解决问题方法的能力。这一设计的应有状态是未来社会所需要的。那些接受过建筑教育的人如果不能带着这种意识去工作，无论对当事人还是社会都将是极大的损失。

我认为，建筑家应该积极投身到既需要又可充分利用“设计-施工总承包模式”的项目之中。但与此同时，我想先有设计的头脑风暴，而后才能决定施工形态的项目也是社会需要的。

虽然模式不同，但彼此各有优缺点，认同两者的存在也是很重要的。

上帝的任性

再重复一下，建筑家自身若没有强烈的参与不同形式项目的愿望，所谓“设计”将被社会不断淘汰。从这个意义上说，“反设计-施工总承包模式”的主张只能让建筑家自身的活动领域越来越狭窄。相反，我倒是认为建筑家应该具有引领“设计-施工总承包”这一潮流的气魄。

关于这一点，我想说的并不是建筑家就应该屈身建筑工程承包商去做分包商。古往今来，无论是欧洲还是日本，广大市民看待大型建筑的眼光向来是挑剔的。究其原因，建筑其实就是在政治、经济、社会等各种因素相互交织中、历经各种力量的相互制衡和细微调整之后诞生的一个“决断”。然而现如今，世间这种错综复杂的交织状态正处于电子网络虚拟化时代，因此更加突出了建筑的“物质性”，以及过于明显的存在感。

就拿新国立体育场的最初设计大赛来说，它承载了五花八门的原委和利害关系，最终选择了扎哈的那份设计方案。这绝不是身为审查委员会委员长的安藤忠雄先生一个人可以擅自决定的。但围绕新国立体育场设计大赛的整个过程，恰恰反映了当下所有建筑家面临的极大困惑。

在这复杂的状况中，你能否下决心做出“不参加”的决定，对建筑家来说是一件非常重要的事。这与前面我提及的一种态度“不去登门讨要工作”是一个意思。如果你判断那个地方不是“施展自己的舞台”，就不会参加。有一个复合词叫傲娇，若以“傲”来判断，那你看重的就是自己的工作和客户，此时的“傲”是在等待真正施展才华的机会，也将成为下一个机会来临时的力量。

在建筑界的设计招标中，将最终留下的几家公司列入“候选名单”，我们和扎哈·哈迪德事务所曾有多次机会一起名列候选名单，但我们几乎都输给了他们。扎哈提出的建筑有图纸有模型，看上一眼就会“哇，太独特太棒了”，让人感受到一种魔力。它具备设计大赛夺标的力量。

但与其相反的是，我的目标不是图纸和模型，而是现实体验中能真实感受的“质”。正因为我将重点置于人的真实感受，所以才会刻意将建筑建造得低一些，将其形状建造得朴实一些。而这些要在设计大赛的图纸阶段就获得充分理解的确不那么容易。在最近参加的中国台湾某桥梁的设计招标以及意大利撒丁岛的美术馆和伊斯坦布尔的城市设计等招标中，我们均败在扎哈的手下。但是，通过这些经验，让我意识到必须走自己的路。因为正是通过与扎哈·哈迪德这样强有力的建筑大师在设计招标中的对垒，才让我领悟到“走自己的路”的重要性，从而得以重新认识自我。

此次新国立体育场的中标，就像一个奇迹偶然降临到我的头上。其实，就算是擦肩而过也没什么关系。因为至今，几乎都是擦肩而过的。如今，一个罕见的偶然，上帝忽然耍了一个任性。若是因为我每天的工作很愉快，享受每一个旅程，之前才与上帝的任性无缘的话，那么对这次偶然的任性我真的不会介意、不会生气的。(笑)

第二章 | 因为是木造建筑，所以它“伟大而平凡”

所谓建筑，就是不断“火中取栗的产物”

关于新国立体育场，我第一次公开自己的看法是在2015年9月出版的《奔跑吧，建筑师》（新潮社）文库本的后记中。曾有读过这本书的人说，“隈先生，这倒很像是你预测了之后的变化，就此表明决心呀”。可惜，这种事在当时连一点儿念头都没有。要说机缘巧合，正值当时发生了东京奥运会的“会徽事件”[①]，同时围绕新

① 译者注：“会徽事件”指2020年东京奥运会会徽（转下）

新国立体育场重启设计招标选定的“A 方案”是使用木材的设计。重叠的木质房檐，可营造出温馨的树荫，房檐上种植着野生花草（图 1）

·设计规划将容纳 8 万人的看台进行紧凑分布，并根据分层式屋顶架构，将建筑高度控制在 50 米以下，从而与周边的景观保持协调

·规划将充分考虑邻接用地的景观，让最外侧柱子的最顶端向内倾斜，从而减轻给周边环境带来的压迫感

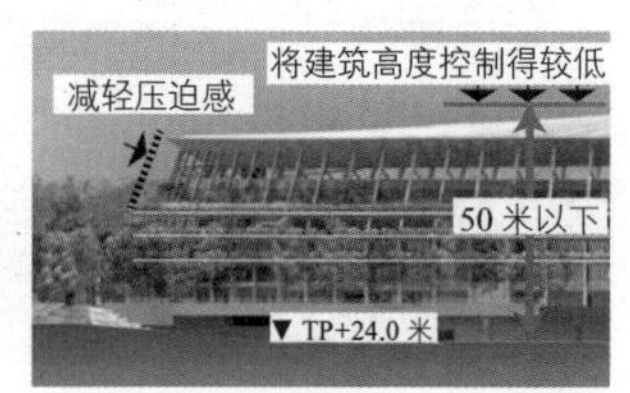

主面图

从绘画馆前面看到的景观图

从绘画馆正面看到的景观图

建筑的高度在 50 米以下，使其融入周边景观（摘自新国立体育场整备事业“A 方案”的技术提案书）（图 2）

国立体育场的扎哈设计方案正处在轩然大波之中，所以我的看法只是对包括建筑家在内的职业设计人员身陷危机略有感触罢了。但即便如此，那时候扎哈的设计方案并没有被弃用，更不要说重启设计招标之后有人会找我，那简直是无法想象的事。

关于新国立体育场，我虽然多次受媒体之托发表过一些看法，但此事的背景十分复杂，我不可能轻浮到信口开河。因为我甚至认为，若有哪位建筑家接受了这个项目的邀请，那无疑是火中取栗，又怎么会想着自己去拾那火中之栗呢，连做梦都没梦到过。

有句话可能说得鲁莽一些，就当今这个时代的建筑来说，我认为它们都是“火中之栗”。

（接上）“抄袭事件”。自日本东京奥运会组委会于 2015 年 7 月 24 日公布采用佐野研二郎的设计方案之后，有两名欧洲设计师分别指控该商标有抄袭、剽窃之嫌。之后该事件不断发酵，同年 9 月 1 日，东京奥运会组委会决定停止使用该会徽。

甚至可以说，建筑不是火中之栗的时代从来就没有过。记得在20世纪80年代日本泡沫经济的鼎盛时期，空气中到处弥漫着只要是“大师级”建筑师设计的建筑就一定是最棒的，其他设计师组织建造的建筑就是不行。在当时，如果大师级建筑师说“建筑就是文化”或曰“建筑就是艺术”的话，那么如果你想表达“看不懂”或是“我反对”的个人看法，反而会成为一件说出来都丢人现眼、难以启齿的事。但遗憾的是，那些听从了大师级建筑师意见的企业如今基本倒闭了。

之后，经济的泡沫破灭了，泡沫时期的过剩投资遭到遏制，此时民众看待公共性建筑的目光也愈加地尖锐、犀利。我正是在这个时期走入社会的。因此，我对建筑师的定义并不是“大师级人物”，而是那些伤感因命中注定与“火中取栗”无法分离的人。

比如，作为第五代东京“歌舞伎座”的改

建修缮项目（2013年重新开馆）就曾是“火中取栗”的案例。当时，对于要重新改建、修缮深受大家喜爱的、拥有古老历史的剧场，一开始就遭遇了来自歌舞伎演员、爱好歌舞伎的作家等犹如暴风雨般的挑剔、担心和质疑。

在这个世界，建筑家终归要饱受逆境之苦

对建筑所持批评立场这件事，并不仅限于日本。就连文化背景深厚、对建筑很有见地的欧洲，其民众对建筑也多是持批评态度的。例如，位于法国靠近瑞士边境的“贝桑松（besancon）艺术文化中心”（2012）是我们事务所第一次在欧洲获准设计的公共建筑项目。通过公开设计招标，我们事务所的设计方案被选中了。但是，在最初阶段，当地民众就发出了这样的声音：“为什么呀，搞个文化的东西有必要花那么多钱吗？”这意思是说，我们的福祉才是更重要

的。是的，福祉当然很重要，我们事务所也会优先承接福祉设施的项目，但文化设施对一个城市的重要性是毋庸置疑的。（见P96～P97图5）

通常遇到这类情况，我都是自己前去解释。我在想，当遇到来自利益相关人员的批评时，像我这样的建筑师用什么态度、如何解释建筑是非常重要的。如果你采取“这就是设计，你懂了吧”这类貌似艺术家的视角、一副很了不起的态度，要想获得人家对项目的理解是不可能的。所以只有一条路，就是微笑地面对大家的批评，倾听全部意见，然后针对疑问给出简明易懂的解释，借以表示你的诚意。

在地区的重建、再开发项目上，你要像小学生对待班级的发表会那样，“该地区如今面临着这样的问题，对此我打算这样来解决，希望能让大家居住的地方变得比从前更好”，你要诚实得像个孩子一样从头按顺序一一解释。只要能开诚布公、掏心掏肺地解释，对项目持批评意见的民众还是能逐渐理解你、支持你的。

在美国，情况就不一样了。美国很少有100%使用公共资金的建筑。不管多宏伟的文化设施，几乎都是依赖民间的捐款或捐赠。由于不受市民欢迎的设施几乎不会有人捐款或捐赠，所以只有环保的、形象好的项目才能获得捐款、捐赠。因此在美国，你可以把这一过程理解为能否获得市民支持的试金石。

我们事务所正着手承接美国俄勒冈州波特兰的“日本庭院”重新修缮项目。波特兰因环境治理得好而名声大噪，且“日本庭院”将成为波特兰的代表性公园，因而获得了环保团体以及全体市民的支持。但即便是获得了捐款、捐赠，该项目在美国名曰“筹款”的活动依然耗时5年之久。在开工前的那段时间，为了出席筹款晚宴，我十几次前往美国出差。我有时甚至在想，晚宴才是设计工作的中心吧。（笑）

顺便聊几句中国。在中国，人们对建筑的

目光也是很挑剔的。我知道，日本有不少媒体在渲染，中国为了经济的高速增长拆毁了很多古建筑，其实这是一种偏见。我的事务所在上海承接了废弃造船厂的再建、修缮以及将原法国租界的低矮设施改造成文化设施和公园的项目。从某种意义上说，这些工作远比改建修缮银座的歌舞伎座、东京中央邮局的保护性修缮项目等棘手得多。为什么呢？因为我作为外国人首先要充分了解改造区域以及建筑物的历史背景，同时还必须将那些历史要素反映到建筑之中。

在中国，持批评、质疑的主体并不是民众。政府方面会召集大学等知名教授前来论证，而且每个项目必定会组建一个“委员会”。召集来的权威人士会针对项目提出彻底的、高格调的“批评性意见”。虽然在欧洲的市民代表中也不乏十分知名的教授等，但中国的“委员会”成员几乎都是著名的权威级人物。我们要倾听每一位确有见地的权威意见，尽管权威专家的意见有时也不尽相同或彼此矛盾，以至于在委员会的会议之后，我们的心情简直就是绝望。但是，我们不会就此沮丧不前，而是努力直到发现彼此可接受的妥协方案为止。（见P96～P97图6）

将观众看台分为3层的好处

言归正传，新国立体育场的重新设计当然是最大的“火中取栗”。是的，全体日本国民对奥运会似乎总是忍不住要说点儿什么。我也经常被问及，你面对如此艰苦的挑战还敢于直面的动机究竟是什么呢？

其一当然是我对神宫外苑那片“圣域绿荫”的记忆。的确，这是一个令举国上下为之茫然无措的项目。现在，不仅因糟糕的预算管理引来了一片批评，而且在如今重视可持续生态环境的时代，还要在城市中心仅存的那片绿地上修建一个巨大的、彰显独特的钢筋混凝土建筑，这究竟是好还是不好呢？持这一疑问的人不在少数吧。关于这一点，我持相同的看法。我在想，如果要提出一个新的设计国立体育场的方案，哪怕是从生态环境的视角入手也应该反复斟酌，力争实现一个彻底的“负建筑”[1]。

2015年9月18日是新国立体育场重启设计招标的截止日期，有“A方案”和“B方案”两个团队入选。A方案是大成建设+梓设计+隈研吾建筑城市设计事务所这支合作团队的成果。

招标的整体预算、工期以及设计-施工总承包这一苛刻条件给A、B方案双方带来了诸多制约。A方案和B方案最明显的不同之处，就是观众看台的层数。A方案为3层结构，B方案为2

---

① 译者注：隈研吾的“负建筑”理念就是建筑应该与周边的自然环境、生态环境相融合，进而归属于自然，成为自然的一部分。这里的“负”没有中文输赢、正负的词义，而是取自日语“負ける”中的屈服、顺从之意，暗喻融合、融入的意思。

层结构。

当然，观众看台的可容纳人数无论是2层结构还是3层结构并没有什么不同。A方案采用反复利用相同断面的工艺，这有助于完全实现工厂预制组件的标准化。除了平台与相同断面的观众席可以相互连接，这样做的同时还有助于比赛中的人浪起伏，营造场内的高潮，这一点得到了专家们的认可。

不得不说，这个方法得益于成本和工期的严格制约。对建筑越来越严苛的现代工程项目，成本和工期反映到设计方案之中已成为必要的条件。如果你仍抱着先有设计，后有成本、工期的态度，在当今日趋网络化的公民社会中，作为建筑师是很难生存下去的。所以，我们的A方案中一目了然的既自律又节制的设计在网上获得了很高的支持率。某些单项上的投票差距甚至接近2倍。

关于“结构”或“设计”这类词汇的定义

本身，其实从建筑到IT系统的构筑均已发生了极深远的变化。同时，这些变化不仅是指视觉上的形态变化，还包括成本、工期、环境、未来维护等在内的解决方法的变化。如果你不能一并提出对经济、社会都是最佳的解决办法，那么人家就可以说，这不是专业的有创造性的工作。

观众看台是2层好，还是3层好呢？我们将选择的标准放在公共区域与观众看台之间的关系上。公共区域会设置洗手间、小商店等，如果是3层结构，从观众看台去公共区域的时间就会大大缩短。想上洗手间就可以马上去，且小商店就在附近。如果是2层结构，坐在最上面的观众无论是去洗手间还是去小商店都很远，会给人十分不方便的感觉。（见P128～P129图7）

例如，将8万观众放在2层结构的看台，坐在最上面的观众如果要去公共区域，就必须要走下50个台阶。50个台阶放在一般建筑中就相当于3层楼的高度。这一上一下还是很费体力的。但如果是3层结构的看台，只有19个台阶，也就是说只需要走相当于1层楼台阶的高度就可以到达公共区域。那么，只需要走相当于1层楼的台阶好呢，还是必须走相当于3层楼的台阶好呢？这19个台阶和50个台阶的差别竟是如此之大。

我们对观众席的舒适性如此执着，得益于当年参与改建、修缮歌舞伎座时受到的锻炼。旧歌舞伎座（之前的第四代）是一座极具风格的建筑，但里面的观众席座椅很狭窄，且由于倾斜度较大，坐在上面观赏舞台表演时有一种身子前倾的感觉。而且，坐在座位上的视线与演员从“花道”[①]（延伸舞台）升降口出来的地方形

---

① 译者注：日语“花道”即我们常说的延伸舞台部分，是日本歌舞伎剧场的一种舞台设施，类似于T型台、通道。花道与观众席高度相同，由面对舞台的左侧纵向贯穿观众席连接舞台。若将花道按十等分划分，演员会在距离舞台三等分的地方做一个亮相，亮相时间或长或短。较正规的剧场在花道三四等分的地方会设置一个四方形的升降口，日语称之为“すっぽん＝切口”，多用于亡灵或驱使妖术的角色出入。

成死角，导致好不容易迎来的高潮场面无法让所有观众尽情欣赏。

于是，在改建修缮第五代歌舞伎座的时候，其改造重点就是无论从哪个座椅都可以观赏“花道”的演出。2013年完工的新歌舞伎座，无论你坐在哪个座椅都可以很清晰地看到“花道”。果不其然，据说“价格便宜的座位，性价比最高”的话题已经在爱好歌舞伎的人群中传开了。虽然经营者会面带苦笑，但要知道，这不仅仅是为了目前有限的观众群着想，因为如果你不为所有人着想的话，网民可是不会沉默的。

与外界相连的“跨越式人才”让日本强大

新国立体育场在奥运会期间可容纳62000人，但之后为了橄榄球和足球比赛的需要，还必须考虑如何容纳80000人的措施。具体地说，就是要增加观众座椅。A方案中，不仅包括了后续增加座椅的考虑，而且方法简单、经济实用。这一考虑主要是因为我们了解到，伦敦奥运会主会场在奥运结束后，因增加座椅而不得不耗费巨资来填补设计初期埋下的“祸根”。

伦敦奥运会时，身为伦敦大学经济学教授的里基·伯德特（Ricky Burdett）先生实际是担任伦敦奥运会相关建筑的总负责人。里基·伯德特先生是一位以经济学视角研究建筑如何再利用的教授，当年曾担任位于北京郊外“北京长城脚下的公社”项目的顾问。那年，我带着“竹屋”（2002）这一设计作品前往参加这个项目，并有幸通过该项目的业主、北京的开发商张欣女士与里基·伯德特先生相识，还成为知己。

应该说这是“中国式人脉关系”吧。中国人与欧洲人都具备相当的外交能力，所以他们之间会十分“默契”。反观日本人，则疏于人情世故。很遗憾，还经常是被疏远的对象。不过，我因“竹屋”这个机遇有幸通过人脉关系结识了很多朋友。里基·伯德特先生与扎哈女士非常熟悉，他曾帮助扎哈女士在中国获得了不少工作机会。在中国这样的异国他乡，设计程序、施工技术等都需要从零开始摸索，而且预算低的令人难以置信。所以，我们是带着一种“鱼与熊掌岂可兼得的领悟”全力以赴去完成“竹屋”设计工作的。我们的设计与当时中国崇尚豪华、摩登的设计正相反，是彻底追求“负建筑”的设计。那时，面对较低的预算我们没有退缩，直面挑战，最终结出了硕果。

无国界的网络化让日本社会的现状逐渐发生着改变。例如，有这样一种人，在专属于某公司这一组织的同时，还具备利用网络与外界进行沟通交往的能力，这种人开始被逐渐认可。即便是大企业、政府机构等也同样处在这样的时代。一边在组织中确保自己的存在，同时具备与外界沟通交往的渠道。这种复眼式的状态得到了越来越多人的追捧。

常常听坊间这样说，在与中国或欧洲的企业一起工作时，你会发现他们的高层都很优秀，但底层的能力相对较差。而在日本，其雄厚的中坚人才才是压倒性的。拥有雄厚的人才和组织体系，对企业来说何尝不是最大的领先。所以，若以复眼的视角来看，如果具备了连接外面世界的跨越能力，日本企业这一组织中优秀的中坚人才就可以与世界相连。我相信，具备了这两个方面，即外部的网络化和内部的团结，日本企业将足以逆转颓势，与世界争个高下。

体育场恰是体现木材温润的场所

2015年12月公布了新国立体育场重启设计招标的结果，决定采用A方案。

从那时起，我感到时间开始加倍地流逝。

对我来说，迄今为止虽然做过“相会长冈”

附属场馆那样圆形的、近似于室内的体育设施，但是设计像新国立体育场这样的体育场馆还是头一次。

就个人的体验而言，在自己观战过的足球、橄榄球等比赛中，从没有过“这个体育场真棒”那种令人心情为之振奋的时候。（笑）因为它们的“背面”都很糟糕。当你从背面接近它时，总是很沮丧。无论是哪儿的体育场，从街巷最容易看到的“背面”都是毫无遮拦的钢筋混凝土架构，每当看到这些，总会让我心生悲凉。

普通的建筑几乎见不到如此放任“背面”的情况。那为什么单单是体育场就可以如此煞风景呢？那种让使用者郁闷、纠结的眼神我也有。

我有一种预感，解决这些问题的关键就在“木材”里。“木材”这一素材拥有的那种温润感，不知为什么对人类起着很大的作用。使用木材设计好“背面”，就可以让前来体育场的人们率先感受到木材的温润就在身边。仅凭这一点就可以让它成为一座完全不一样的体育场。

体育场的屋顶和顶棚是我们反复进行试验的对象。要建造“体育场”这种平坦宽阔的结构体屋顶是非常难的一件事。体育场的屋顶和顶棚决定了你进入体育场时的第一印象。所以我才希望在这个地方使用木材这一素材。我奉行素材主义，这是与提倡形态优先的B方案不一样的地方。

在屋顶，除了形状上的设计性难度之外，还有结构性问题。如果结构体只用木材来建造的话，由于木材较之钢铁要柔软得多，因此整体高度就不得不提高，这很可能给人一种体育场在外苑那片圣域绿荫中“横空出世”的印象，有不协调的危险。

关于结构问题，我们的结构小组想出了将木质集成材和钢骨框架进行混搭组合的办法。利用这种混合结构来控制建筑物的高度。后来我们发现，如果从屋顶到最下层，就像五重塔那样有若干个重复，设计成日本式建筑的“裳阶”[①]，就可以建成一座融入神宫外苑那片圣域绿荫的建筑。“就这样定了”，我至今仍记得做出决定的那个瞬间。这之后，我们要做的就是调整观众席的数量、结构系统等，按各要素的优先顺序依次解决。（见P128～P129图8）

木造建筑“伟大而平凡”

如果使用“木材”会造成预算超支，那就毫无意义了。

所以，此次设计的外墙我们使用杉树，支撑屋顶结构的材料我们使用落叶松。这两种都

---

① 译者注：日语“裳阶”与中国古建筑所说的“庇”十分相近，日语也称为“雨打”或“雪打”。主要目的是避免建筑的高度过高，同时可扩大内部空间，也起着保护木造建筑免遭风雨侵蚀的作用。日本法隆寺的五重塔是最古老的代表性建筑之一。

是国产木材，且采购十分便利，尤其是价格便宜。例如，10.5厘米宽的杉木材质护墙板是价格最便宜的流通材料。只要在一般的街区工厂批量板型化，便可以直接运到施工现场使用。屋顶使用的落叶松材料是长33厘米的小型集成材，加工时不需要特殊设备，无论规模多小的集成材工厂都可以生产。但如果使用国外的木材，运输过程中就会产生大量的二氧化碳，而国产木材则可以让我们远离碳补偿问题，工程运作起来更加自由。一边倡导木造建筑，而另一边因进口材料导致二氧化碳排放的一对矛盾是我们最想回避的。

当前木造建筑是世界建筑领域的一个大趋势。在日本，人们自"木造东京"因1923年关东大地震被焚烧殆尽而深受精神创伤开始，便对城市木造建筑产生了炒作式的排斥反应。认为木材有诸多的耐火性、耐燃性等问题，结果长期以来木材一直受到"不公正的待遇"，甚至连建筑学会都做出了“摆脱木造”的决议。

但是，人类因难舍之情而要挽回木材的本能，在近20年中极大地推动了木材技术的发展。到了21世纪，与混凝土耐火性能相同的木材出现了。根据这一技术革新，“大型木质建材”这一概念也在建筑界广为传播。也就是说，用木质建材修建大型建筑已不再是梦想。

但是，针对所谓“大型木质建材”的设计，我仍有抵触。因为，那些大型木质建材其实就是将木材黏合在一起的、被制成类似钢筋混凝土那样巨大的集成材，再由集成材去建造建筑的做法。这不过是移植了把木材制成很粗的柱子或房梁的做法，用木材替代钢筋混凝土的形态而已。所以我觉得B方案中那象征性的柱子有着十分强烈的违和感。再者，这类大型木质建材只能在最先进的工厂制作。

例如，在高知县梼原町，我设计“梼原町综合厅舍”（2006）的地方，当地人有在山里经营林业的习惯。但是，梼原那里的小工厂是不可能制作这种大型木质建材的。换句话说，这样的木造建筑连木材产地都无法做到，这件事本身就是一个矛盾体。我们现在要做的并非容忍这一矛盾，而是要让小工厂最普通的技术发挥它的极致，让“小小的技术”反复叠加在一起建造出一座可容纳80000人的大大的体育场。面对这样的挑战，我跃跃欲试。难道这不正是人们常说的民主主义（democracy）吗？依我看，21世纪的民主主义就潜藏在木材之中。

在日本的建材市场，从江户时代开始就流通着一种名叫“105角”[①]的小断面木材。用这种哪里都可以买到的既小又便宜的材料可以制作出任何东西，这才是显现日本的“伟大而平凡”之处。因为木材的有趣之处恰在它的“平凡性”

---

① 译者注：105角是日本对截面长宽均为105毫米的方形木材的习惯叫法。

和“民主性”。

与木材的伟大而平凡呈极端对立的是混凝土技术。混凝土技术中没有木材的标准尺寸限制。无论多么巨大的东西，使用混凝土都可以随意地建造。可以说它具备一种“伟大的特殊订制”性质。但是，在“特殊订制”性质里，却孕育着难以识别极限的愚笨，潜藏着一种让你忘却自身极限、技术极限的魔力。

是的，我总觉得大型木造建材是在一边利用木材这样平凡的素材，一边模仿混凝土所拥有的恶习。总之，这里有难以言状的违和感，所以我坚持我的“105角”。

渴望展现日本的成熟

新国立体育场在设计、施工总承包的框架下，由我们和大成建设、梓设计组成一个团队。其中，设计团队有70～80人，再加上施工团队的50～60人，总共是百十来号人的阵容。人数最多的是大成建设。

那么，我在这个阵容中的作用是什么呢？我以为，归根到底就是"协调"。难道你不是设计师吗？可能会有人这样问吧，其实所谓建筑的"本质"就是"协调"。它是为了建造赢得无数人发自内心的认同、可尽情享用的建筑而"协调"。因此，它的工作与艺术家在校园内尽情地绘画完全是两回事。

可以说，这"协调"是极富创造性的工作。这里很重要的一点是，你的创造性表明你在协调的最后要自己承揽相应的责任，还要有说出"不行就是不行"的勇气。日本，就像老龄化早就成为社会常态一样，已经进入一个低增长、成熟化的阶段。在这个成年人居多的社会里，做任何事都应具备公正、敢于负责的态度，这是赢得他人信赖的基础。这不仅限于建筑家，公司职员也如此。虽然你身在公司，但仍要用自己的头脑去思考，靠自己这张脸去工作。可见，自己承担责任已经变得越来越重要了。

于是，我将这种思绪寄托于“木材”。因为木材这一素材是协调人的最高等级的工具。

第三章 ｜ 坦然接纳城市的各种矛盾

代代木国立综合体育馆的冲击性体验

我儿时正赶上日本经济的高速增长期，生我养我的地方是横滨市的大仓山。儿时的大仓山，周边有水田和旱田。说这里是郊外吧，可能叫田舍更合适一些，因为到处都是浓郁的乡村景色。

1964年东京奥运会之前，新干线的建设可谓快马加鞭，稻田中随处可见一座座钢筋混凝土的高架桥。望着那些耸立的高架桥，孩子们心里一边激动地说“太厉害了吧”，一边眺望着稻田中仍继续施工的景象。代表那个时代的建筑当属

丹下健三先生设计的“代代木国立综合体育馆”的“第一体育馆”和“第二体育馆”了。(见P160～P161图9、图10)

代代木国立综合体育馆给我留下了很多值得回忆的画面。比如，第一体育馆游泳池的天花板很高很高，泡在池中你会感受到穿透天窗的那缕缕光线降临在水面，闪闪发光。这里充满着一种从未有过的神圣感，令人陶醉不已。

被那神圣感震撼之后，你会在走进第二体育馆时感受到另一种与第一体育馆完全不同的亲密感。第二体育馆的内装饰是木材，氛围甚是温馨。外面的阳光轻柔地照射在木制墙壁上，我被墙壁呈现的红灿灿景色再次震撼。至今，我仍清晰记得那红灿灿的画面，无法忘记。

生我养我的老家是一座木造的破旧平房。那光线透过推拉门照射进来的感觉、赤着脚走在榻榻米和木质地板上的感觉，还有榻榻米和土墙散发的味道等——日本式木造房屋的所有设计要素都与人的五种感官直接相关。木造物体带给人的空间感早已铭刻在我儿时的心灵之中。

诞生丹下建筑[①]的“族谱”

木造的、小小的日本房屋总会带着一种氛围，它是所有日本人秉持的空间感与“思想”的源泉。而在日本经济高速增长时期，这种感觉开始趋向“公共建筑”以及“庞大建筑”且不断蔓延和扩张，那是个充满挑战的时代。在这当中，丹下健三这位建筑大师恐怕是最理解“公共”，尤其是“公”的含义的人了。因为相比其他而言，他了解建筑的存在必须是公共性

---

① 译者注：“丹下建筑”是指出自日本著名建筑大师丹下健三的作品。丹下健三曾获得普利兹克建筑奖，1964 年东京奥运会主会场便是他的杰作。于 1961 年丹下健三创建丹下健三城市 · 建筑设计研究所。1964 年东京奥运会主会场——代代木国立综合体育馆是丹下健三结构表现主义时期的顶峰之作，被称为 20 世纪世界最美建筑之一。日本现代建筑甚至以此作品为界，划分为之前与之后两个历史时期。（摘自网络）

约西亚·肯德尔（Josiah Conder，1852—1920），英国出生的建筑家。日本政府邀请其来日，任工部大学（东京大学工学部建筑学科的前身）教授，培育过辰野金吾等人。曾设计过著名的鹿鸣馆等政府相关建筑。

上：摘自《建筑杂志》（建筑学会）

下：鹿鸣馆。摘自《东京景色写真版》（江木商店）

的。他知道单纯追求形状好看是不可取的，因为建筑的存在是社会共同体的基础。他最清楚建筑之所以“庞大”的本质是什么。

从这个意义上讲，又有谁比丹下健三先生更了解社会的变化以及对经济、政治问题的关注呢？又有谁能将像丹下健三先生那样将所有关注的要素如此具体地反映到建筑之中呢？正因为给予了关注，所以社会才能对他委以重任。能关注到如此细微的巨匠恐怕也别无他人了。在代代木的第一体育馆、第二体育馆里面，丹下健三先生作为建筑家给予的所有关注都以一个“形式”在这里得到了完美统合。

所谓“统合”，就是接纳社会的种种矛盾，并跨越它。当年是一个极力建造混凝土建筑的时代，而丹下先生设计的建筑却能与其他建筑明确“划分界限”，这足以表明丹下先生坦然接纳时代赋予的所有矛盾之胸怀有多么宽大。

那么，日本建筑界怎么会诞生像丹下先生

这样的建筑家呢？让我们回顾一下它的“族谱”吧。

若追溯丹下先生之前的巨匠，就不得不提及辰野金吾这位日本近代建筑的重要人物。辰野金吾先生因设计东京站而闻名遐迩。辰野先生的老师是当时在工部大学（东京帝国大学的前身，其后成为东京大学工学部）教授建筑学的英国人约西亚·肯德尔先生（Josiah Conder）。肯德尔先生是明治时期作为受聘的外教来到日本的，担任工部大学的教授。

受富国强兵之号令的影响，日本招聘肯德尔的理由就是希望他能传授第一次工业革命以英国为首的欧洲最先进的技术知识。没错，肯德尔先生是西欧先进国家的精英，但有趣的是他本人还是该时期兴起的“工艺美术运动”（Arts and Crafts Movement）的崇拜者，也是推崇前现代中世纪的一名中世纪主义者。工艺美术运动由威廉·莫里斯（Willam Morris，1834—

1896）发起，也称为19世纪后期的工艺美术复兴运动。当时，由于工业革命导致大量工业产品的粗制滥造，莫里斯对此提出了异议，旨在复兴以往手工艺工作应有的价值，包括画家、设计师、诗人、建筑师等当时活跃在一线的众多艺术家投身于该运动之中。这与当时出现的被称为“拉斐尔前派”的画家们一样，工艺美术运动以回归中世纪为其志向。

有趣的是，英国人一边研发先进的技术，同时又难舍内心强烈的怀古意识，他们拥有令人匪夷所思的平衡感。他们内心始终充满了矛盾，甚至有人说这与他们身处欧洲的边境有关，而日本也同样身处“边境”。身为知识分子的肯德尔也不例外，他为了寻求妥善解决那些矛盾的办法来到了日本。他到日本之后，一边在东京大学教书，一边追随河锅晓斋先生学习日本绘画。

当时日本的画坛完全是西欧志向，正如黑

田清辉这样留学巴黎学习油画的人因此而大放异彩一样。但是，在那个时代肯德尔偏要屈身求教于晓斋这样不屑潮流、素雅的日本画家。在日本绘画中有各种各样的流派，而河锅晓斋可算是最贴近江户平民文化的代表。我想，这或许与晓斋的家就在东京大学附近的本乡[①]有关吧。肯德尔选择了江户平民派的晓斋做自己的老师，看得出他很想学习日本平民文化。据说，肯德尔还从老师那里获得了一个潇洒的雅号——“河锅晓英”。一般来讲，受雇于大学的外教完全可以牛哄哄地讲授西欧学派的知识，但肯德尔抱有完全不同的志向，他对日本深怀敬意，欲吸纳更多的日本文化。

英国在那个时代担负着经济发展模式向国家重工业化转换的重要角色，但就连英国人都开始怀疑自我，我认为这与他们意识深层中固有

---

① 译者注：东京都文京区东南部的地名。

日本新潟县长冈市政厅“相会长冈”。位于中央部分被称作带屋顶的“中土间”的中庭。不仅是市政会议厅，就连市民经常使用的多功能场馆也是木材的内装修（图3）

这是瑞士联邦工科大学洛桑学院（EPFL）设计竞赛的最优秀设计案。在木造架构支撑的、长达270米的“长屋檐”（长廊）下面，设有咖啡厅和美术馆（图4）

的凯尔特人崇拜自然的特质有关。欧洲大陆是日耳曼价值观所支配的地区，自然界理应是被控制的，自然界无法成为崇拜的对象。但是今昔，在欧洲区域边缘的岛国英国，凯尔特人的原始的崇拜自然意识从没有消失过。我想，肯德尔的中世纪主义正是这种崇拜自然意识的延伸。

肯德尔一边承受着知识与意识碰撞的矛盾，一边在日本设计了诸多著名的建筑。与此同时，日本本土也涌现出一批绝不一味推崇欧洲的有趣人才。其中之一就是设计了筑地本愿寺和靖国神社的伊东忠太先生。在狂热追捧欧洲的那个时代，伊东先生却跟随穿越亚洲大陆的骆驼队，对云冈石窟等亚洲具有历史意义的遗址资产进行了重新评估。

伊东先生试图以有别于肯德尔的另一种方式来“统合”明治时期以来日本面临的矛盾。他的努力通过筑地本愿寺的设计意匠可以清晰地窥见一斑。如果没有伊东先生，我认为日本

伊东忠太（1867—1954）生于日本山形县，担任帝国大学工科大学助教时，为研究建筑曾留学中国、印度、土耳其，设计了筑地本愿寺。

上：摘自《国际建筑》1954年5月刊（美术出版社）
下：筑地本愿寺参拜纪念美术明信片

General view of the Honganji Temple, Tsukiji, Tokyo. 景全寺願本地築

的传统建筑和现代建筑极有可能被完全割裂，形同陌路。

在伊东先生之后崭露头角的是设计东京大学安田讲堂的岸田日出刀先生。岸田先生是一位心系时代矛盾、拥有风趣品格的人。1936年德国纳粹政权举办了柏林奥运会，之后二战前的日本曾是下一届奥运会的原定举办地，后被称为虚幻的东京奥运会。但就在这个时候，岸田以制作人（按今天的说法）的身份，前往德国进行了一番考察。那么，在德国究竟发生了什么呢？还真像森鸥外先生[1]的小说《舞女》里发生的故事，他与德国人发生了一段恋情。岸田回国后，那位德国女性就像《舞女》中描述的女神一般追着他来到了日本。岂知，追寻西方

① 译者注：森鸥外（1862—1922），小说家、评论家、翻译家、军医，本名林太郎，曾赴德国留学。著有《舞女》《阿部一家》等作品。他与同时期的夏目漱石、芥川龙之介齐名，被称为“日本近代文学的三大文豪”。

岸田日出刀（1899—1966）生于日本福冈县。1929年就任东京大学教授，设计了安田讲堂。当时在岸田研究室工作的有丹下健三、前川国男、立原道造、滨口隆一等人。

上：摘自《朝日俱乐部》1951年3月21日刊（朝日新闻社）
下：安田讲堂美术明信片

的自己，却被西方女性追随，这莫名的“扭曲感”竟让岸田遭受了精神创伤。那之后，他便放弃了自己设计建筑的愿望，决定一心一意地培养下一代人。

让岸田一眼相中的弟子正是丹下健三。丹下生于大阪的堺，成长于今治这个与上海、濑户内海隔海相望的地方，之后考上了当时旧体制的广岛高中。那时，英俊的丹下是个很招女孩子喜欢的贪玩且放荡不羁之人。好不容易才考进东京帝国大学的建筑系，上学期间还曾考入某私立大学的电影系，有着曲折的人生经历。培养这样一个与优等生大相径庭的“顽劣之徒”，并使其大放异彩的正是岸田的强大之处。落拓不羁的岸田一定在丹下的身上看到了“另一个自己”。

日本近代建筑的历史，在沿袭古代日本的传统模式过程中，以明治时期盲从西方这一破坏性异物为开端。这一状况的确给从事建筑的人们带来了深刻的矛盾和纠葛。背负这些矛盾，历经肯德尔、伊东忠太、岸田日出刀、丹下健三这一脉络，才使得一个又一个独一无二的才华得以薪火相传。而在这过程中，1964年10岁的我被丹下健三的建筑深深打动，从此立志成为一名建筑家。

艺术性、大众性、都市性

槙文彦、矶崎新、黑川纪章均出自丹下健三的门下，都是二战后日本建筑界的精英。槙先生生于1928年，矶崎先生生于1931年，黑川先生则生于1934年，虽然他们出生的年代有着微妙的差异，但我还是心怀敬意冒昧地称呼他们是“丹下先生的三弟子”。

槙文彦、矶崎新、黑川纪章三位先生各自很好地传承了丹下先生的思想精髓，并将其具象化。矶崎先生便是“艺术家”的丹下先生；

黑川先生是深受大众喜爱的建筑家形象，即是“民粹主义”的丹下先生；而槙先生则是“都市化”，即建筑不是一个单体的存在，必须从整体都市去思考的思想继承人。

当新国立体育场的扎哈设计方案公布之后，人们对此开始抱有疑问，此时的槙先生站在批评的最前沿，向媒体发表了自己的意见。槙文彦，其人曾在庆应大学、东京大学、哈佛大学求学，言谈举止十分得体，待人温厚，其知性的绅士风度广为人知。但在新国立体育场的问题上，对扎哈设计方案的抨击竟然如此激烈，让建筑界乃至媒体都大为震惊。不过，如果你了解槙先生始终深埋在骨子里的都市化，就能明白这次抨击恰如槙先生的人生集大成。虽然身为艺术家丹下先生的弟子，但槙先生一直在思考，因为他知道若仅凭艺术家的自命不凡的态度是无法建好一个城市的。

我在高中一年级的时候，有段时间十分崇

拜黑川纪章先生。我拜读过他那本《行动建筑论 新陈代谢的美学》(1967年彰国社)，并为他头脑的敏锐所陶醉。(笑)

1970年举办大阪世博会时，我正好上高中一年级。当听说最为喧闹的展馆东芝IHI馆是黑川先生设计的之后，我满怀期待前往参观。但当我见到实物之后很是失落，那失落可谓记忆犹新。黑川先生主张的“新陈代谢”旨在建筑也应学习生物生存的原理，正是这主张吸引了我。然而，在大阪世博会见到的黑川先生设计的展馆就像一个钢铁怪兽，与生物实在是相距甚远。从那时起，我与“新陈代谢”做了诀别。

但是，这绝不是对建筑的失望，一定还有和黑川式建筑不同的、可以让建筑更接近生物的办法，我预感到另有一个方向可寻。那究竟路在何方呢？虽然当时只有十几岁的我还看不清，但我记得大阪世博会还有一个瑞士展馆，一个朴素、高雅的展馆，它深深地吸引了我。

想来很多人都会记得，在大阪世博会成为人们中心话题的美国馆和苏联馆都是巨大的纪念性展馆，名为“月亮石”的美国展馆人气最旺，入口处总是排着长长的队伍。当我见到那光景时，我总是一副冷冰冰的样子说，这里不是我的地盘，“它才不会理我呢”。（笑）在我寻找无须排队就可以参观的展馆时，发现了瑞士展馆。其实，瑞士展馆称不上是建筑，只是矗立在广场上的一个前卫艺术品——用铝材制成的一棵大树[1]，所以根本谈不上排队不排队。换句话说，瑞士展馆是对建筑封闭性存在的一种批判。这说明，早在20世纪70年代，瑞士这个国家就已经把关注点从建筑移向了环境。难道这不是一个方向吗？这让当时的我看到了一丝希望。

---

① 译者注：法语 objet，该词在日语中多指前卫艺术中以石料、木片、金属制成的作品。

逻辑法则造不出建筑

20世纪70年代，既是日本经济高速增长势不可挡的年代，也是日本学生运动风起云涌的年代。1970年安保斗争时，我高中的前辈就在学生运动的核心部，听了他们一套一套的逻辑理论，你会为之震撼。虽然我认为这些实现起来太不容易了，但慢慢地，疑问还是不断涌上心头，这些逻辑理论真的能让我们获得幸福吗？

说到逻辑，它有时会让人的头脑不断趋于激进化。当激进化达到一定程度之后，就会开始排斥那些无法跟进逻辑的人。当年的学生运动即是如此，在它的目的改变性质之后，引发了凄惨的内部争斗，其结果只有解体。从这个意义上说，学生运动是我们的反面教员。

例如，要建造一个建筑——用我们的眼睛能够看得见的物质体，势必要将头脑中的妄念落实到现实之中。为此你需要做各种整合工作。

而为了整合，你就必须接纳各种各样的矛盾。

建筑家当中也有以逻辑法则为志向的逻辑至上主义者，但以逻辑法则为志向的建筑，在实际建造时往往适得其反，其建筑看上去总是缺乏力度。而那些迁移且融入了人类本性，即超越逻辑法则的或逻辑法则无法释义的建筑却是强有力的。我认为，这才能称之为强有力的物质体。逻辑法则造不出建筑，这是我从学生运动感悟到的。事实上，日本无论在“全共斗”[①]之前还是之后都出现过杰出的建筑家，但只有“全共斗”那一代人当中没有人才崭露头角。

建筑为人类而存在，人类因怀抱矛盾而存在。所以，若要修建造福人类的建筑又岂能回避矛盾。

我之所以把丹下先生看作是令人敬仰的存

① “全共斗”是“全学共斗会议”的简称，指 1968 年到 1969 年期间日本各大学发起的学生运动。起因是日本大学和东京大学的学潮，最多时全日本主要国立大学和 80% 的私立大学共计 165 所大学参与其中。最后因其他势力频发暴力事件，导致日本政府出动防暴部队进驻学校而终结。

在，就是因为他从不回避矛盾。

丹下先生年轻的时候有一篇论文《赞米开朗基罗——论勒·柯布西耶的序言》。论文中提到，他把米开朗基罗看成怀抱矛盾的艺术家。因为，通常我们在谈论米开朗基罗时，其印象大多基于历史上的丰功伟绩，视他为纯粹的“天才”。然而丹下先生却从同一个米开朗基罗身上看到了“矛盾”。该论文中有这样一段论述：在米开朗基罗身上你能看到“坚定且不动摇”与“透明且流动”之间的对立，这位艺术家，他统合了这些矛盾。拜读丹下先生的论文后我在想，米开朗基罗的确令人敬仰，但同时面对有如此见地的丹下先生难道不是更令人敬仰吗？

跨越矛盾，增强统合

丹下先生集三个弟子的三种“体现”于一身，即矶崎先生的艺术性、黑川先生的大众性，还有槙先生的都市性。这三个要素拥有相互撕裂的关系，统合起来需要非同寻常的气力。而丹下先生却能将这些矛盾揽入自己的怀中，在分别关注这三个要素的同时，创造了数量众多的不朽名作。

其实，丹下先生还是建筑家中能够对混凝土这一素材运用自如的第一人。比如1964年与东京奥运会同年建成的“东京圣玛丽亚大教堂”(东京都文京区)，就装饰性而言，仅以朴素的混凝土曲面设计就再现了传统罗马天主教教堂的风貌。该教堂和代代木国立综合体育馆一样，那光线的穿透方式给人一种神圣感。能在实现去除华丽装饰的同时，又不失虔诚氛围的教堂——我认为这是二战后世界上建造的所有教堂中最杰出的作品。

说到混凝土建筑，就不得不提20世纪70年代以后崭露头角的安藤忠雄先生。对建筑界而言，这是一个大事件。

关于安藤先生的清水混凝土建筑，其与众不同之处就在于安藤先生将丹下先生所实现的整合以自己的方式拆散，然后提炼出混凝土特有的质感给予重点表现。安藤先生将混凝土作为一个强烈信号再次传达给世人。其手法，让混凝土建筑具有了一种不同于以往的强烈表达方式。

安藤先生的设计属于框架结构。他通过混凝土这一素材来构建框架结构，给予了清水混凝土新的生命。在安藤先生之后，日本掀起了一场清水混凝土的热潮，尽管“整合”的理念与此并不契合。这之后建筑进入一个大可不必认真面对矛盾、只要能巧妙制作出框架结构就似乎谁都能成为艺术家的时代。

1985年我在纽约哥伦比亚大学留学期间，出版了首部单行本著述《十宅论》。在该书中，我将日本泡沫经济前流行的住宅样式类型化，将其划分为“单身公寓派”“清里食宿公寓派”“咖啡吧派”等，并以相当恶作剧的口吻进行了一番评述。其中，我对“建筑师派”喜欢摆弄一副艺术家的架子也给予了一番调侃。因为在我看来，建筑的本来面目应该是对艺术、大众、都市全方位的关注，它是统合的。如果建筑师开始厌恶统合，只知道一味地彰显艺术性的话，我开始意识到似乎是哪里出了问题。

我在《十宅论》中说过，作为艺术家的建筑师充其量只是10种建筑设计者类型中的“其中之一”(one of them)。但对建筑师而言，如果只满足这“其中之一”则是不健全的。然而，当你否定作为艺术家的建筑师时，就不禁要问，怎么做才能让建筑得以统合呢？如何才能让建筑与社会达到“和合至变”呢？——从那以后，我一直在思考这个问题。

2013年重新开业的第五代歌舞伎座虽是历经多次统合失败后上苍的馈赠，但歌舞伎座仍只是一家民企的都市建筑而已。现如今，我们要面对的是坦然接纳环境、景观、预算、舆论等所有公众的关注点。而整合这些因素正是我们在新国立体育场项目中所追求的。为了能做到这一点，从《十宅论》算起已经耗费了近30年的时间呀。

建筑再一次走向“整合”

关于新国立体育场，我当然感到压力巨大。但在21世纪的今天，身为建筑家应该再一次为“整合”而努力的那份使命感始终在激励着我。

IT革命看似让这个世界变得更加公开、透明，实则所有这一切都在虚拟化，而仅凭各个领域的单打独斗只会让逻辑法则越来越激进化，这一孤寂的状态已然形成。于是我开始思考，要跨越这困难，除了勇于直面“实物”恐怕别无选择。

事实上，回顾建筑的历史就不难发现，勇

于直面“实物”的人将开启一个新的时代。早在古罗马时代，继恺撒之后成为罗马帝国君主的奥古斯都就是一位非常能理解“实物”的人。他曾对人说过：“我做过很多事，其中最令我自豪的是，我接受了一座砖造的罗马城，却留下了一座大理石的罗马。”

公元前的罗马，居住着众多从征服地带回来的人。要将这些散沙一般的人统合在一起，的确是一个政治性极强的难题。但奥古斯都通过白色辉煌的大理石构筑了罗马这座城市，并达到了统合的目的。顺便提一句，那白色大理石就是恺撒发现的采石场出产的卡拉拉白大理石。

奥古斯都留下的这句话，与其说是政治家的台词，不如说更像是建筑家的台词。他在公元前通过建筑这一先进技术改变了社会，就如同21世纪史蒂夫·乔布斯的存在一样。所以说，建筑这一“媒介”拥有改变时代的力量。

我从未考虑过要改用大理石等，能够统合

21世纪的应该另有素材。说到底，恐怕能统合当今如此复杂社会的只有“木材”了。

木材这种素材绝非豪华之物。它是日本任何地方都可以找到的素材。也正因如此，“嗨，那木材就是我山上的呀”，人们可以为此而感到自豪。木材是让人类与自然“和合至变”的素材。那么，以“木材”这样的素材为中心，可否再一次把人们聚拢在一起呢？以木材为媒介，可否再次唤回人们的自豪感呢？就像奥古斯都用白色大理石改变建筑的历史那样，我梦想着，可否用“木材”开启下一个时代呢？

IT革命增加了“木造建筑”的可能性

在明治神宫、新宿御苑、赤坂离宫以及皇居这条对东京来说十分重要的绿化轴上，神宫外苑可谓是非常重要的“结节点”。因此，位于东京区域内的新国立体育场选址地点与木材是最匹配的。

在此次新国立体育场的设计中，连自己都深感幸运的是日本有关建筑的法律法规已经有所改变，尤其是近年来放宽了对使用木材的限制。而且，木材的应用技术本身在这数年中也发生了极大的变化，人们已经认识到包括木材的成本预算、设计、安全性等所有方面，木材是理想的素材。使用木材的设计已成为现实。可以说，社会的“机缘”已经成熟。而这个“机缘”真的就降临到“木材”身上了。(笑)

坦率地讲，能迎来像国立体育场这种大型建筑都可以使用木材的时代，真是连做梦都不敢想的事。“为什么就不能使用木材”，我们一直在这样呼吁，也在付诸行动，如今在不断的呼吁声中，终于看到了付诸实践的曙光。

换个角度来说，这与IT革命有关。高度信息化的社会与“木材”其实有着意想不到的机缘。说得更明白一点儿，就是承蒙IT的发展，人类已无须用混凝土建造的巨大办公室，而在一间木造房屋的小小空间内就可以工作了。那为什么以前需要混凝土的办公室呢？据说是因为若不把人们封闭在一个没有柱子的巨大空间里就无法高效率地工作。这种将众人用坚固的墙壁围拢起来，促其在一种统合失调状态下工作的场景，就是20世纪的资本主义。

但时至今日，人们已经察觉到统合失调状态是人类倍感精神压力的温床。企业中，罹患抑郁症的职员在增加，且企业为之采取的措施又大大增加了成本。相反，在一间木造房屋里，喝着浓香的咖啡，只要上网就可以完成工作，不仅可以减少精神压力，还能提高工作效率。现实中，IT风投工作在城市和乡村各自拥有办公地点，其成员来去自由的工作方式正在不断得到推广。

年少的我曾被代代木国立综合体育馆所震撼，正是因为那混凝土的灵魂寓于那神圣的建筑之中。还有第一体育馆、第二体育馆的艺术性引起了我的兴趣。

我希望新国立体育场能够成为倾诉木材灵魂的建筑。木材并不是用来怀旧的素材，而是在机缘巧合的当下，非木材莫属。

新国立体育场建成之后，2020年举办东京奥运会时，想必有很多人会来到这里。人群中一定也有10岁的孩子，孩子惊讶于这座森林中的木造建筑，然后说“我也想成为建筑师”。我幻想着这样一幕场景的出现。

第四章 | “边境人”日本要建造超越常理的建筑

从20年前开始主张木造建筑

这样说似乎听起来有些夸张，我一直在想从“混凝土时代”走向“木材时代”是自己的使命。

在新国立体育场重启的设计招标纲要中，对体育场的要求有如下表述：

> 体育场应该是让人感到舒适的、任何人都可以安心汇集于此的、能够快乐享受

竞技运动的体育场。

体育场应该与周边环境是和谐的、凝聚最先进技术的、能够以现代方式表现我国气候、风土、传统的体育场。

体育场应该是对该地区的防灾减灾有所贡献的、对整个地球的环境保护有所贡献的体育场。

〔《新国立体育场整备事业、业务要求水准书（案）》2015年9月〕

看到这里，"没错，必须使用木材呀"，对此我相当自信。

在有关设计招标的一连串媒体报道中，我常被形容为"和的大家"等，但我从未把自己当成什么"和"或者"大家"。虽然我很偏爱木材，但从不拘泥于"和"的样式。偏爱木材的理由也不是所谓"和风"，因为日本的传统木造建筑中有着太多的启迪可寻。"和的大家"，如

此轻而易举就被人捆绑在这样的称呼上，实在令人难以承受呀。（笑）

我出生的20世纪50年代，正值日本从“木材国家”转向“混凝土国家”的时期。“工业化”“高速增长”“混凝土”就是我成长阶段常用来形容日本的关键词。

就像我在第三章中描述的那样，当年的建筑界已经出现早我两代的槙文彦、矶崎新、黑川纪章这几位著名的建筑家。其中，1934年出生的黑川先生可以说是战后日本经济高速增长时期的宠儿。有趣的是，他在高速增长时期曾用“与自然共生”来描述自己的建筑。现在回想起来，最棒的广告文案撰写人非他莫属。

我曾为他一连串的惊人之语所倾倒，甚至还到各地去观赏黑川先生的作品。然而，黑川先生设计的建筑给我一种只是“混凝土堆积状”的印象。其建筑的形状好似山峦起伏，给人绵软的感觉，可是这绵软的建筑竟是混凝土建造的，想到这些反倒给人一种违和感。

我以为，黑川先生所处的时代是受缚于混凝土这一物质的时代。当物质对人类的束缚起决定性作用时，人类欲超越束缚时代的物质则绝非一件容易的事。是的，当你处在“混凝土万能”的时代，让黑川先生那一代人去超越混凝土，其难度要大大超乎你的想象。

但是，随着1990年年初经济泡沫的破灭，以及之后历经阪神、淡路大地震和东日本大地震这两大灾害，时代的关键词已变成“少子化”“老龄化”“低增长”，其变化之巨大可想而知。我认为，这一转换的最终结局就是从混凝土转向木材，即最终归结于素材的转换。

我第一次正式使用木材建造的“那珂川町马头广重美术馆”（2000）是一座公共建筑。当时，用于建材的木料耐燃技术刚刚研发出来不久。因此，将木材用于公共建筑的屋顶或天花板的想法，已经超出了当时建筑界的常识范围。还记得，我们不得不在原日本建设省官员面前做实验，即用火去燃烧经过耐燃处理的建筑材料——木材，以此证明木材的耐燃性。（见P192～P193图11）

全球都在争夺的“木材”

在“木材时代”的背后，使用木材能抑制“全球气候变暖”这一众所周知的事实与之相关甚密。我们都知道，树木通过光合作用可以让二氧化碳固化（即固碳化）。另一方面，不用多言，全球气候变暖是21世纪人类面临的最大课题之一。

这里所说的“使用木材”，即“让当地资源得以良性循环”的意思。这一循环理念以一本畅销书《里山[1]资本主义》（2013年藻谷浩介、

[1] 日语“里山”是指邻接人类居住地区的小山、树林或沼泽等自然环境。

NHK广岛取材班角川书店）为开端，通过各种方式和途径广为传播。正如这本畅销书所写的那样，资源的循环利用可以激发当地的经济活力。我想，以我建造的木造建筑来诠释一个新时代的理想状态应该是最简明易懂的。

在经济高速增长时期，将砍伐树木与毁灭森林相联系，这一谬误认知的传播甚广。而事实恰恰相反。在森林砍伐树木之后，若在原地继续栽种树木的话，反倒是为森林创造了良好、健康的循环机制。以杉树为例，当树龄达到60年以上，其二氧化碳固化能力就会骤然降低。那么以60年为基准，砍伐之后再进行栽种，对森林的健康来说是很有必要的。如今，不仅是环境问题专家，绝大多数世人都具备上述有关森林生态的常识。

这不是仅限于日本的话题。全世界都在朝着更加积极地将木材应用于建筑的方向发展，且相关建筑的法律法规也随之发生了改变。无论是法国“贝桑松艺术文化中心”还是“瑞士联邦工科大学洛桑学院”，我都使用了木材，而这也是客户的希望。所以我说，世界的建筑趋势无疑是木材。

用木材修筑的建筑与新型社会环境的基础设施建设息息相关，甚至还可以改变那些否定建筑的看法。若得以实现，建筑将不再是浪费税收或景观的破坏者，而将作为创造新型可持续社会基础的必然存在而获得重新定义。

身为建筑家，在我专心致力于工作时，总能遭遇到否定建筑的冷眼。其实，在当今的社会，无论你做什么样的项目都会遭遇不满的诉求。从普通的近邻到环境问题专家比比皆是，可见这“不满的诉求”已然成为一个“缺省”的世界。

在对建筑的各种要求中，不仅要有针对环境负荷采取的对策措施，还要包括对景观的考虑。例如，我们着手设计“根津美术馆”

(2010) 时，就领教了什么叫压力。对根津美术馆的设计，我们大胆地设想，将原来位于围墙深处的美术馆挪到正面的主要街道，只需经过一段竹林小道就能到达美术馆的入口。如今新建的根津美术馆已成为“表参道”[①]上的名胜之一，这里不仅是工艺美术爱好者经常光顾的场所，在观光客中也是颇有人气的景点。也就是说，这里是开放的场所。但是，在重新开馆的初期，你还是会听到很多诸如“还是以前的根津美术馆好”等不同声音。总之，在人家习惯之前，无论你将建筑如何融入周边环境，他们眼中的一切都是“异物”。(见P192～P193图12)

在这个世界，也有一种建筑家在否定建筑的意见面对会上突然变脸。这也算是一种将错就错的艺术风格吧。例如，设计北京“CCTV大

---

① 日语“表参道”是指位于东京都原宿附近的明治神宫正面的参拜道路，也是一条堪比银座的繁华商业街道。

厦（中国中央电视台）”的雷姆·库哈斯就堪称第一人。一副“看不懂这个建筑就是呆子”的神情，将故意袒露缺点的建筑甩给世人。这是一种夸耀其建筑的“罪行”并给予放大，借此挑逗社会的做法。然而我是个文弱之人，总是左思右想、自寻烦恼，对建筑总是到最后的最后还要考虑每一个细节，最大限度地为反映客户或市民的意见而努力。我绝不会将错就错，而是想着尽最大可能一直做到对方满意为止。这样说并不是对雷姆·库哈斯流派“故意袒露缺点”建筑的“反题”①，而是想说，文弱的我只能用自己的方式去做。

人们的意识因地震灾害而改变

现在，建筑领域正在从混凝土时代走向木

① 译者注：哲学中的正题、反题、合题。

材时代。尽管还看不到明确的节点，但人们的意识的确已经转向木材。这当中，应该说日本的两次大地震灾害起到了决定性影响。我将它称作“地震灾害的假设”。

所谓“地震灾害的假设”，即人类的改变不是因技术进步，而是因严重灾害所致，这算是我自成一体的思考方式吧。人类处在安逸状态中是不思进取的。回想我自己也是如此。但是，只有在遭遇人类智慧所不及的灾害时，才会停下脚步去思考“到今天为止所做的一切究竟是什么呢”。灾难带给人的痛苦是无法用语言来表达的，但人类只有在遭遇灾难之后，才开始回顾自己的所作所为，并从自然界吸取教训，引以为戒。

我对木材的“幡然醒悟”源自1995年阪神、淡路的大地震灾害。混凝土建造的高架桥竟如此的脆弱，让我目瞪口呆，也让我明白了所谓的建筑原来是如此虚幻之物。还有双重按揭[1]的话题，也让我震惊不已。通过住房按揭，人们支付几乎一生的工资换来的家，在灾害面前竟如此轻易地消失了，从此不得不面对不堪重负的双重按揭。20世纪的经典幸福标准曾是通过按揭获得一个家。人若拥有了家这个建筑就能得到幸福，这个神话撑起了整个20世纪。建筑就是永久的财产，大家都相信这一点。然而，大地只是那么一摇摆，所有这些神话便在一瞬间灰飞烟灭了。

建筑能让人得到幸福吗？什么样的建筑才能让人幸福？我真的开始迷茫了。我开始思考“被人类利用了才是有价值的建筑”以及“随时间推移仍可存续的建筑”，而不是那些拥有产权的所有物或作为财产的建筑。如果没有阪神、淡路大地震，恐怕我也不会思考这样的问题吧。

---

① 阪神大地震之后出现的社会现象，即仍在按揭还款的房子没有了，在还款尚未结束的同时，为了购买新居还要再次按揭贷款。

贝桑松(besançon)艺术文化中心。位于法国东部城市贝桑松的杜河河畔。这是一座集音乐厅、现代美术馆、音乐学校等于一身的综合设施。为营造一个“阳光穿透树叶缝隙”的柔光效果，将屋檐建造成植物和太阳能板的镶嵌状集合体(图5)

位于俄勒冈州波特兰的“日本庭院”重新修缮项目。我们没有建造大体量的建筑物，而是在中央区域修建了一个“村落广场”，建筑材料也多选用当地的木材和石料（图6）

东日本大地震的经历更坚定了我的想法。建在海边的混凝土建筑被海啸夺走了一切。但是，建在山丘上的古镇却没有遭受任何损害。那看上去木造的破旧房屋也没有遭受任何损害。因为，每隔几十年一次的海啸已经让这里的人们知道该如何与大自然相处。是的，究竟什么才是强大呢？混凝土看似强大，实则弱小、脆弱。说实话，即便没有海啸，如今的混凝土也只有100年左右的寿命，实在是脆弱的材料，与法隆寺的寿命简直无法相比。但山丘上的木造建筑，看似弱小，实则强大。所以我特别希望自己能拥有这样的强大。

可以说，虽然日本人经受了阪神、淡路大地震以及东日本大地震带来的灾难，经历了巨大的考验，但这代价给我们换来一个建筑的新时代。没错，是地震灾害让我们有了如此坚定的信念。当今这个时代最需要什么，该怎么做，已经清晰可见了。

比混凝土建筑要复杂得多

让我拓宽视野的另一个因素是在国外工作的经历。

2000年我在中国设计“竹屋”之后，突然之间来自世界各地的设计委托工作多了起来。国外的工作不仅来自中国、俄罗斯这样的崛起大国，也包括美国，以及欧洲各国。而且工作地点不限于大城市，甚至有从机场坐车花费一天以上时间的腹地，这样的旅行从未停歇过。观察世界正在发生什么，就可以知道这个世界需要什么。若没有这样的旅行，我想，如今的日本需要“木材”这种感觉恐怕也不会像现在这样明确和清晰。

“竹屋”是我第一次在中国承接的建筑项目。这是在北京附近的万里长城脚下，名曰“北京长城脚下的公社”的一个高级酒店式管理公寓（别墅群），由亚洲12名建筑师参与并共同完成的项目。之前听说，不管是铝材还是铁制品，中国人总之喜欢亮闪闪的华丽设计，于是我决定反其道而行之，使用竹子这一既便宜又粗糙的素材。

我有意违背中方的兴趣取向，只是不断追问“有没有用竹子建造高级别墅的想法”，以此试探委托方。这样做的结果，曾以为委托方会拒绝我的想法，可万万没想到委托方十分感兴趣。更让我意想不到的是项目建成后，竹屋在12位建筑师的作品中竟是最有人气的建筑。后来，张艺谋导演在2008年北京奥运会宣传片中还用到了竹屋的画面，原来中国人这么喜爱竹子，谁说他们就喜欢亮闪闪、光溜溜的建筑呀，当时的确让我大吃一惊。

在竹屋之后，来自欧洲各国、美国的工作也逐渐增多。法国的“贝桑松艺术文化中心”是通过设计招标拿到的首个欧洲项目。在贝桑松，我的设计同样是不想建造那种混凝土的盒子，而是尽量使用木材。建成后，法国人经常这样对我说："隈先生，是你把日本的传统建筑带到了贝桑松。"其实，我并没有考虑过是日本的还是法国的。我只希望建造一座与贝桑松那片土地相吻合的优雅建筑。（见P224～P225图13）

当你在世界各地修建过建筑之后，你就能感觉到人们对"木材"是多么的"饥渴"。在20世纪，面对钢架的、混凝土的现代建筑，人们心中一直存有被压抑的意识。他们渴望从木材这样的素材中获取慰藉。无论是日本还是国外，我能在各种场合感受到这种意识的强烈程度。

在日本，高知县梼原町的"云上宾馆"（2010）是全面使用木材修建的第一座建筑。梼原町发出委托邀请时，原来的中越武义町长这样对我说："梼原町是搞林业的城镇，建材请考虑用杉树吧。"那时，我还曾担心过自己："有能力修建一个木造建筑吗？"（见P224～P225图14）

说实话，木造建筑的图纸要比混凝土建筑的图纸复杂得多。

说得简单一点儿，如果在混凝土图纸上"想要这种形状"，只要画出它的轮廓即可。只要有了轮廓，用混凝土填满它，之后再进行结构计算，你无须考虑所谓的缝隙问题。但木材就不一样了，木材是"棍子"，到处都是缝隙。那么怎样做才能填补缝隙则是建筑师必须要好好解决的问题。可见，木材需要研究解决的问题是混凝土的几倍之多。

设计木造建筑时，包括现场体验在内，需要建筑师具备极丰富的经验。遗憾的是，在日本法律上有这样的规定，说的笼统一些，即木造建筑是二级建筑师的工作，而混凝土建筑是一级建筑师的工作。这种20世纪遗留下来的20世纪流派、工业社会流派的等级制度和歧视至今仍在延续。目前，只要你大学学的是与建筑相关的学科，就可以跳过二级建筑师直接考取一级建筑师的资质，这显然是基于混凝土技术凌驾于木造技术之上的一种歧视。现实恰恰相反，因为一级建筑师的混凝土技术反而要简单。

“现实”胜过“逻辑”

身处日本这一“边境”之中，你很容易就跟不上世界的发展趋势。况且日本还是让人乐不思蜀的“边境”。但就在你享用这安稳无忧的日子里，你已经一步步远离了时代的潮流。其实，真正可怕的还不是落后于时代，而是不觉中的迷失自我。

我经常对事务所的年轻职员或学生们说“走出去看看世界”。走向世界，从某种意义上说能让人明白自己所处的位置。在意识到渺小的自己以及渺小的程度时，你还会一并发现原来日本人在这个方面很强，在那个方面很有趣，等等。周游世界、广交朋友，能让你学会客观地看待自己所拥有的“武器”。

就我自身而言，在纽约哥伦比亚大学留学期间就经历过这种强烈的体验。

美国的建筑教育以辩论式教学为中心，灌输的是彻底的逻辑意识。留学期间，在硕士课程开展的辩论中，我从没赢过。英语能力的问题当然有，但无奈头脑中固有的语言结构并不是盎格鲁撒克逊人的语言结构。日本人习惯于揣摩他人的言外之意，因此不具备仅以逻辑意识进行交流的头脑。在日本时，我还认为自己的逻辑意识算是很强的，甚至有些自负，可是到了美国才知道，我的逻辑意识完全行不通，这让我很郁闷。

那么，该如何是好呢？

我费了很大的劲儿搞来了两个榻榻米（即两畳榻榻米），铺在我公寓房间的中间。在榻榻米上举办了一场“日本茶道品鉴”。不是我对日本茶道有什么修养，而是叫来美国的朋友，在榻榻米上煞有介事地给他们端上一杯苦涩的抹茶，接下来他们是一片寂静。平日里侃侃而谈、唇枪舌剑的人，那天在茶道面前竟只字未吐。没错，他们感受到了，在那个场合的“空气”中存在着一种连逻辑意识都难以争辩的东西。

那场面让我感悟颇深，日本人知性思维的强大就如同茶道表现的象征性意境，它融汇于一体化的空间、行为、语言之中。

这件事给了三十而立的我一个启示。它告诉我超越逻辑的东西就存在于现实感之中。既然我不属于逻辑，那就跟着现实感走吧。这是纽约那两张榻榻米给予我的发现。

美国在20世纪80年代之前，著名建筑家辈出，但其后很少有著名建筑家出现。究其原因，依我的推测是辩论式教育造成的吧。逻辑至上导致了美国建筑教育的停滞不前。今天的世界正处于对现实感的饥渴之中。

诞生于“边境”的新型建筑

另一方面，目前有不少来自“边境”[①]且别具一格的人才开始在建筑界崭露头角。其中也不乏来自中国十分独特有趣的建筑家。2016年度的普利兹克奖授予了南美智利的亚历杭德罗·阿拉维纳（Alejandro Aravena）。阿拉维纳是一位非常独特的建筑家，有一段时间因对建筑感到失望，便退出建筑界自己开了一家咖啡馆。这有点像年轻时候的村上春树。（笑）但他那种融入“地方区域”的方式当属“现代风格”吧。他和来到咖啡馆的各式各样的当地客人打交道，并借此思考什么样的建筑是深受当

① “边境”一词取自内田树的《日本边境论》中“边境人”之意。该书从历史、日常生活、哲学思想、日语语言特点四个方面论述了日本人的“边境心态”，即日本人喜欢置身于“边境”，在“外面”的世界寻找自己不可抗拒的“中心”，这个中心有时是某个强大的国家，有时是某种强势的文化等（摘自网络）。本章节的“边境”应是“边境人”语境的一种延伸，泛指非建筑界核心的国家或人，当然包括日本在内。

今人们喜爱的。后来，他放弃了咖啡馆，重返建筑界。

还有，临近战火地区的黎巴嫩出现了一位十分独特的建筑家。他的名字叫伯纳德·扈利（Bernard Khoury）。他在广场的地下建造了一个类似地下作战室一样的俱乐部，其屋顶为开闭式，广场上会突然开出一个天窗。这是告诉人们，即便你建好了一座建筑，但因战火它在何时消失我们不得而知。特定场所的人建造的建筑，其现实感就是与众不同。据说他总是一身重金属服装，其眼神之锐利也非同一般。

作为今天美国建筑教育的支柱，除了逻辑意识教育之外还有一个，即“电脑化设计”。1990年以后，如何将计算机应用引进建筑界成为建筑教育的最大课题。我曾留学的纽约哥伦比亚大学就是最早提出电脑化设计的大学。早在1986年，伯纳德·屈米（Bernard Tschumi）

作为建筑界冉冉升起的一颗新星就成立了只在计算机屏幕上进行设计的无纸化工作室，并引发了人们的热议。使用计算机的话，可以不断“造出”很多手工无法绘制的、绵软曲线形状的有机建筑物。不过所谓“造出”，只是计算机屏幕上的，但这毕竟是一场设计革命，所以20世纪90年代属于这种绵软曲线的建筑时代。而这一潮流的领军人物就是新国立体育场初始设计的中标者扎哈·哈迪德。

我在哥伦比亚大学学习期间的朋友，于20世纪90年代几乎无一幸免地加入这场潮流之中。只有孤独一人回到东京的我在一旁冷眼观察着他们。的确，计算机屏幕上的画面或许是既新颖又漂亮的设计，但我还是觉得，他们欲在现实中呈现的那个空间依旧还是那个混凝土加钢筋的、坚固而冰冷的、工业化社会的建筑。

在我看来，一旦建筑进入真正的施工阶段，

那绵软曲线的形态不可避免地会出现这样或那样的问题。首先就是成本会特别特别高，而且在建成后还要被人指指点点，因为实物与画面中漂亮的曲线或曲面差别太大，没有了质感，甚至没有一点儿舒适感。

为了解决这些问题，一种叫“最优化”(optimization)的手段出现了。其目的是，将看似复杂的曲面用计算机进行微调，并尽量反复利用同一尺寸的镶板，力求达到施工要求，从而降低成本。概括起来就是，将计算机这个原来只是呈现新颖图样的道具变成包括施工在内的、可促使建筑合理化的道具来使用。2000年以后，全球建筑界开始朝这个方向转变。

“BIM（建筑信息模型，Building Information Modeling）”，这个词应该有人听过吧。BIM的基本思路是，将设计人员编制的数据进行统合，并与结构工程、设备工程、造价估算工程、施工工程等各方面同时共享。根据共享的结果，打破设计人员、工程人员、施工人员这一传统的垂直体系。BIM的最新软件自2000年以后一个接一个面世，引发了相当激烈的竞争。

我对以这种形式出现的整合举双手赞成。因为设计者只追求独善的美感、施工者只追求施工的合理性以及短期利益这一20世纪流派的垂直体系已经让建筑的世界变得僵硬、死板，更丧失了人们对建筑界的信赖。

在引进西方“建筑家”“建筑工程承包”这一体系之前，日本社会中运转着另一套统合体系。木匠就是设计者，但同时也是施工者。他们会认真听取委托人的想法，尽管有些随意，但也会考虑成本，而且还会考虑其建筑与整体街区或周边是否和谐。正是这种统合体系造就了日本城市街区的景观之美。

我将计算机可以再次挽回日本原有的统合体系当作是自己的使命。我任教的东京大学建筑系成立了一个新组织“T_ADS（Advanced Design

Studies）”[1]。它的目的就是向已支离破碎的、僵硬死板的建筑界注入一个崭新的统合理念。

T_ADS中最重要的支点就是“数字化制造（digital fabrication）”。在这里不仅要研究以往的制作技能如何与计算机工程相结合，还要亲自和学生们一起建造“临建展馆”，进行实践活动。

如果仍以建筑师为核心，按部就班的先制作出绵软曲线形状，再进行最优化处理的话，恐怕错失良机就在所难免。而T_ADS则是从一开始就让制造方和绘图方结成一体共同思考，这是数字化制造的根本。

让学生们自己动手建造一次临建展馆，你会发现他（她）们在成长过程中就像变了一个人。我认为，让头脑中或电脑中的所思所想与

---

① T_ADS（Advanced Design Studies）是东京大学建筑系的一个新型组织。该组织以提高最先进的建筑设计教育和建筑文化为目的，是以隈研吾、千叶学、小渕祐介的研究室为中心，设立在东京大学的组织。它打破了以往研究室的独立研究方式，彼此分担全球经济一体化背景下不同需求的课题，开展横贯数个研究室的活动。

现实中物质这一堵墙发生一次碰撞，何尝不是一次微缩的人生呢。当你遭遇现实这堵墙的时候，接下来你如何接纳、如何跨越，将反映出你这个人的真实价值。所以我把“数字化制造”呈现的这种形式理解为人生教育的场所。

当然，人的一生不能仅以教育为最终目的。制造，也就是创造物质应是日本人最擅长的领域。有一个词叫作“思考的手”（thinking hands），日本人最不擅长动脑筋去搞点儿什么逻辑，但是，在动手思考这件事上是毫不逊色的。通过手与计算机的结合，你无法想象的独特的临建展馆就可以通过T_ADS来实现。例如，用计算机一边控制一边堆积起来的一次性筷子的临时展馆；还有将类似泡沫一样的氨基甲酸乙酯（聚氨酯urethane）当作绘画工具，机器人就可以在三次元空间作画的临建展馆。这个用语言难以表述的新生事物，在世界建筑教育界中已经引起极大反响。换句话说，我们借助计算机的力量重新发现了日本在制造方面的强大。

那么，关于弃用扎哈·哈迪德的新国立体育场方案而选用我们的方案，若以上述角度来审视的话，让我有一种时代命运所致的感觉。扎哈的方案是呈现建筑的“形”，即将计算机用于形态的生成，使建筑极具夺标魄力的“形状”。而我们的方案是呈现建筑的“理想状态”（或曰建筑的应有状态），即通过计算机和制造的一体化，让一座新建筑的“理想状态”成为可能。2020年应该是什么样的时代，我们经过深思熟虑的提案不是形状，而是建筑的“理想状态”，一个新的统合方法。

构成社会的“木质物质”

让身处转换期的青年一代亲自动手去修建一个临建展馆，体验实际建造建筑的真实感，以及体会实际操作留给人的那份“手感”是一件非常重要的事。转换，若用一句话来概括，就是混凝土时代正在被木材时代所取代。而木材这一物质则象征着新时代所需要的各种物质。

例如，所谓“木质物质”它包含着对自己居住场所进行重新认知的价值观。树木，生长于某场所的土壤中，于是与那场所建立了难以割舍的关系。因为具有这一特性，所以树木起着连接场所与人的作用。

二战后，东京的人们渐渐迷失了自己的居住场所，搞不清自己身处何地。好在时代又一个轮回，已经有一群年轻人欲重新认知自己的乡土。他们和她们就像是“东京市内的乡村人”，带着乡土气息的感觉生活在东京。他们的幸福感不在山岭对面的超高层公寓里，而在脚下那古老且破旧的建筑当中。他们正在重新认知，而这一举动也是我所说的“木质物质”。

树木“不可能永远存在”，所以它也是象征万物真谛的物资。树木在成长之后就会慢慢腐朽，我们的建筑也一样会腐朽，这与人类的肉体是一样的。树木告诉我们，在对自己的场所感到自豪的同时，也要知道自身极限的冷酷结局。然而，大可不必为此惊恐。由于走向死亡之路很漫长，所以“这个部位快不行了，更换吧”，我们可以一点一点地更新它。法隆寺之所以能成为世界最古老的木造建筑，就是因为你可以发现腐朽之处，然后小心翼翼地进行更换。没错，就因为它是木材，才有可能进行这样的部分更新。

再说混凝土，其建筑看似永远不朽，但那是你的幻觉。在某个时候，你会突然发现它的内部已经破烂不堪。而此时的你已无力回天，除了摧毁重建没有其他路可走。

向死而生

树木这一生物，据说在生存期间它的活组织与死组织是共存的。死组织化为坚硬的结构支撑起枝干。也就是说，树木能有效利用自身死去的部分。

在树木生与死交织的方式中，隐喻着各种启迪。其中也不乏人生启迪。人生于世，其实就是走向死亡的过程。有了交织的生与死才有了我们人类。人和树木都是一点点地走向死亡。一点一点去习惯死的来临，悠然地死去。若能这样去面对、去思考，死亡或许就没有那么恐怖。活着，若能与死和睦相处，从生到死不就是一个很坦然的转变过程吗？这是树木教给我们的活法，它给予我们活下去的勇气。

不言而喻，树木也给予我们很多建筑方面的启迪。木材应该算是死去的树木，但并非完全死去。根据温度和湿度，它会发生微妙的变化，它甚至会移动，也会散发出好闻的气味。对树木而言，生与死的界线是暧昧的。你把木材用于建筑，那建筑就开始有了呼吸。日本人之所以一直被木造建筑所吸引，其理由就在这里。木造建筑只有一半是活的。而向死而生的我们就生活在其中，可见我们彼此是相性投缘的，心情之愉悦又何须多言呢。

日本的木结构，以较小的材料组合为基础。即便无法获得很大的树木，只用较小的材料组合依然可以建造你想要的空间，这正是日本木结构的厉害之处。现如今，欲重振这极具民主和包容力的体系，其实也是我们的目标之一。

此次新国立体育场因为是木结构建筑，所以它是一座长寿的建筑。与混凝土不同，木造部分可以部分更换。如果某个地方腐朽了，只需更换那个地方即可。在新国立体育场的设计中，我们有意识地将每一个木材的尺寸都做得小一些。木料做的小，更换时的材料采购等各个环节都会变得简单易行。

值得庆幸的是，我生活的社会正处在从混凝土向木材转换的时代。回顾往事，10岁那年的东京奥运会是从木材转向混凝土的时代。

2020年我正好66岁，我可以见证从混凝土时代向木材时代的转换。不仅在日本，我希望能在任何场所、任何场景下去建造木结构的建筑。就结果而言，这次新国立体育场正是代表这种想法和未来方向的项目。我想，这定是“树木之神”垂爱于我吧。

第五章 | 继承前辈的工作——大成建设山内隆司会长

新国立体育场重启设计招标的结果，选定了由大成建设、梓设计、隈研吾建筑都市设计事务所三方合作编制的“整备计划”[①]。

工期短、周边环境复杂等问题，日本打算向世界传递什么样的信息呢？一时间，各方面的关注点都聚焦在新国立体育场的项目上。

---

① 译者注：日语“整备计划”是个很笼统的词汇，用在建筑工程上，相当于我国的初步设计。

那么在设计-施工总承包模式（design to construction system）的项目中，负责建设工程方面的大成建设将发挥什么作用呢？另外，大成建设拥有1964年承接东京奥运会主会场，即旧代代木国立综合体育馆的施工经验，那么此次承接该项目又将作何感想呢？大成建设希望留给后人什么样的视觉冲击呢？

第五章是我们与大成建设会长山内隆司先生的访谈内容。（采访人：编辑部）

用14个月建成的旧国立体育场

——1964年东京奥运会的主会场旧国立体育场是大成建设施工的。公司内部有没有流传下来一些奇闻轶事？

山内：能参与奥林匹克这一盛会的主会场施工，对毕生从事建筑的人来说是一件非常荣耀的事。前辈们从前做过的工作，在时隔

50～60年之后我们当然很想继续做下去。其实从一开始我们的愿望就很强烈。

之前的国立体育场是我进公司之前的事，听说是难以想象的突击性施工，是在只有短短14个月的工期内完成的。

——放在今天的话，在这么短的工期内完成是不可能的吧？

山内：当时那个年代，允许不分昼夜、连周末节假日都不休息进行突击性施工。但今天，该项目地处市中心，夜间以及节假日进行带噪音的施工怎么可以呢。但1964年，那是亚洲第一次举办奥林匹克运动会，可以说我们处在举国上下各个方面都希望出手相助的气运之中，首都高速公路和东海道新干线等举不胜举，整个日本到处都是施工的景象。

——这次重启设计招标的要求是设计-施工

总承包模式，你怎么看?

山内：我们在扎哈方案的原整备计划中是作为体育场观众席部分的技术提案方参加的。当宣布扎哈方案被弃用时我们也很吃惊，但那个时候，留给修改方案的时间已经到了最后极限。也就是说，新方案的招标若以设计先行完成、之后再做施工报价已经来不及了。所以只能采用设计-施工总承包模式吧。

使用木材的建筑是“时代潮流”

——关于这次新国立体育场项目，隈研吾先生说：“当今是混凝土时代走向木材时代的转换期。”你觉得如何?

山内：1964年那届奥运会，因大力推广混凝土建筑，的确建了不少。不过，当这次重新设计开标后发现，相比B方案，我们的确是“木造建筑”。其实，认为使用木材的建筑就是好建筑，这并不是突然出现的潮流。关于我们设计中要使用木材的那部分，本次设计招标的评审人员提出了很多疑问。例如，能使用多少年？木材不是易燃材料吗？等等。我们是这样回答的，屋顶所需部分基本上都使用木材，而且木材是经过耐燃等加工处理的。现在的技术已经足以弥补木材的缺陷了，即便作为结构材料也可以使用。

——如今的法律和法规也在助推木造建筑，是这样吗？

山内：是的。这次的项目恰好处在这一趋势之中。我们将使用国产的杉树和落叶松，这很像当年修建国会议事堂，那时的石材都取自日本全国各地。

例如，屋顶材料是采用木材和钢骨框架相混合的结构体制作的。其断面和尺寸全部相同，而且可以在工厂进行大批量生产，甚至可以在

建成的新大谷饭店（1964）

采用“幕墙施工法”

工厂完成一部分组合再运到工地进行安装。这样一来，无论对成本还是对工期都十分有利。

另外呢，混凝土的预制工程也采用了相同的方式进行。基础部分的横梁、柱子、看台等也尽量事先在工厂进行预制，以此减少在施工现场的加工作业量。敝公司拥有混凝土预制工厂，这在日本的建筑工程公司当中也算是独一份吧。

可匹敌“整体浴室”的技术革命

——据说在1964年奥运会的时候，由大成建设负责施工的“新大谷饭店”是世界首次在客房采用“整体浴室”的，是这样吧？

山内：新大谷饭店于1963年4月才开工建设，几乎没有时间了。你们也知道，那时的浴室施工需要一块一块粘贴瓷砖，然后安装浴池，这在饭店施工中是最花费时间的一项工作。我们很早就与TOTO公司（东陶公司）合作共同研发整体浴室了。之后才有了现在这样的先在工厂进行组装，然后拿到施工现场进行安装的方式。

——现在无论是公寓还是饭店，采用整体浴室早就是理所当然的事了。

山内：除此之外，还有其他为了缩短工期的技术革新成果，其中之一就是“幕墙施工法”。迄今为止，混凝土的外墙装饰都是贴瓷砖。我们委托不二窗框制造公司（FUJI SASH CO., LTD.）制作了金属的框架，并在工厂装好玻璃，直接运到工地进行安装组合。

这些技术都是为了保证完成工期很短的项目，为此大家付出了诸多努力，是众人的智慧。所以，这次我们更要努力研发，希望能给后人留下值得自豪的新技术。

——在这次新国立体育场项目中，为了缩

吉布提皇宫凯宾斯基酒店

饭店的酒吧

短工期，贵公司都下了哪些功夫呢？

山内：截至2016年11月施工设计结束，12月份正式开工。设计团队中，我们公司有40～50人参加。同时，公司还向施工团队投入了50～60人。也就是说，在设计阶段尽可能多地考虑将来施工的便利和材料采购，而通过将材料采购纳入工作范畴，力争加快整体工程的进度。

来看看建筑现场吧

——新国立体育场原设计方案的弃用以及公寓“打桩数据遭篡改事件”[①]等是近来经常提及的事例，由此还引发了对当今建筑业界的批

① 这几年日本频发有关建筑地基打桩数据遭篡改的事件。根据2016年12月日本经济新闻的报道，自2015年12月以来，有16家公司发生238件数据篡改事件。其中涉及多家大公司，如旭化成建材、三井不动产等。由于涉及日本29个都道府县的多处公共建筑、学校、政府廉租房、医疗和福利设施等，一定程度上引起了民众的恐慌。

评、曝光，目前的状况如何？

山内：以前呢，就是说只要你能建成一个“箱子状的东西”就一定是受欢迎的，这是当年的情景。但是，如今箱子状的东西太多了。相比住宅的数量，反而是家庭数量少了，空巢已经成为一大社会问题了。公共的各种设施也一样，从街道、社区、乡村的会馆到国家、省级的会馆也是一个庞大的数量。从这个意义上说，人们对建筑的看法、认知也发生了巨大的改变，如果还认识不到这一点，恐怕是不行的。

——但另一方面，为准备2020年的东京奥运会，将会出现很多新的建筑，那么，想进入建筑行业的学生会不会有所增加呢？

山内：为了上大学，20世纪60年代我来到了东京。就是因为看到当时东京一个接一个拔地而起的新建筑，才下决心走这条路的。所以，我很希望哪怕是新国立体育场的施工现场，如

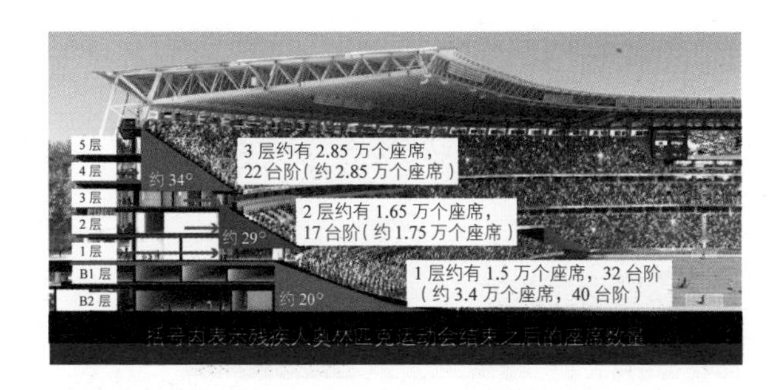

观众看台分为3层。人们向公共区域移动的上、下台阶数量与只有2层的看台相比，一下子减少了很多（摘自新国立体育场整备事业“A方案”的技术提案书）（图7）

使用木材的大型屋顶结构图

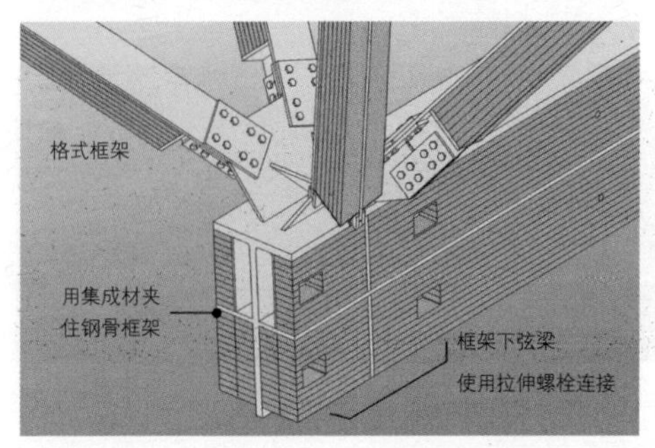

使用中断面[①]集成材的组合零部件构成图

屋顶的庇（房檐）和上扬的遮阳部位四周均使用连续的纵向椽子，让外观看上去好似日本古建筑特有的“椽子”（译者注：日本古代也称“平行椽子”）。观众看台的屋顶，使用木材和钢骨框架相混合的结构（摘自新国立体育场整备事业“A方案”的技术提案书）（图8）

---

① 日本的结构集成材分为大断面（短边15厘米以上，截面积300平方厘米）、中断面（短边7.5厘米以上，长边15厘米以上，但未及大断面的）、小断面（短边不到7.5厘米，长边不到15厘米）3种规格。

果能允许大家参观的话就好了。

其实，这样的做法，我在担任日本建设业联合会副会长的时候就曾实施过。尤其是女性工作的建筑现场，我们还邀请过小学、中学的女生前来参观呢。

——能亲临建设中的施工现场，一定会很感兴趣的。

山内：最近，在我们设计、建设甜点公司和制药公司的工厂时，一定都会设立一条“参观路线”。因为据说在啤酒工厂，第一锅啤酒非常受欢迎，很有人气。我认为，这对产品的安全性和质量都是很好的宣传手段，非常欣赏这种做法。当然，建筑行业的现场有它的特殊性，通常是以危险为伴的，所以不太可能像刚才提到的那些工厂一直敞开类似的参观线路。但是，能让普通民众参观的做法在我们建筑界还太少，我也希望今后能在这方面投入更多的努力。

背负日本的使命，活跃在世界的人

——现在，日本的建筑师已经参与了很多国际上的建筑项目。那么，日本的建筑工程公司应该也可以在国际上一展身手吧？

山内：日本的建筑工程公司，按照计划完成项目是它的强项之一。不过这仅限于“在日本这个场所”。常言道，建筑行业是个“装配产业”，从这个意义上说，施工现场的确和汽车装配工厂一样。将钢架建材和玻璃、窗框、瓷砖等适时运送到工地，然后分配施工人员进行组装。在日本的话，供货厂家会依照进货要求，按时将玻璃或窗框等送到工地，但国外的情况就不同了，因到货延迟等导致无法按预定计划施工的情况还是比较多的。

当然，这并不是说在国外我们就完全没有办法了。在拿到供货商的报价时，“哪个厂家大概能满足我们的工期要求”都会列入我们挑选厂家的范围。那种只考虑报价金额决定供货商的做法是行不通的。我们之所以能只用一年时间就建成非洲吉布提的五星级酒店，正是因为在这些方面做足了功课。

——听了您介绍吉布提的项目，感觉会有很多学生对此感兴趣吧？

山内：我曾去吉布提视察过，去之前我接受了“一定要带上蚊香”的善意提醒。这是为了防范传染性疾病。但到了当地一看，长期留守在那里的公司职员全都带去了蚊帐。像这样的经验之谈，你只有到了国外的施工现场才能知道。

我很想和晚辈们分享几句自己的经验，曾在母校东京大学建筑系聊过一些。关于新国立体育场，我也希望能尽量与大家分享。建筑，它是我们生活的重要基础，而将构筑这一基础作为一个职业，从我个人的经历来讲，这是一件非常有意义的事。如果，“我也想挑战一下”这样的年轻人能多起来，那就太好了。

山内隆司（Yamauti Takashi）
大成建设株式会社代表取缔役会长。1946年生人。1969年毕业于东京大学工学部建筑学科，毕业后就职大成建设。历任关东支店长、建筑本部长、建筑总本部长等职，2007年担任代表取缔役社长，2015年担任现职务至今。

第六章 | 以“黑衣助演”[1]的心态辅佐项目——梓设计杉谷文彦社长

在新国立体育场项目中，与大成建设、隈研吾建筑都市设计事务所一起合作参与策划的梓设计在体育场馆等体育设施的设计方面，拥有着丰富的经验。

如今，对奥运会这类大型体育运动盛会的要求越来越高了。一边要遵循尽可能维护参赛

---

① 译者注：日语“黑子”指日本歌舞伎中，位于演员背后的助演者穿的黑衣。该词尚无确切译法，故根据本书内容译为“黑衣助演”。

选手的所谓“运动员优先”的理念，一边还要拥有娱乐性的设施，同时又必须考虑宣传媒体的需求。

如何解决这一矛盾？梓设计公司又将如何有效运用自己对国内外体育场的研究成果和经验呢？

第六章是我们与梓设计的社长杉谷文彦先生的访谈内容。(采访人：编辑部)

希望能以“黑衣助演”的心态辅佐项目

——请介绍一下，梓设计公司是什么样的公司吧？主要是因为，与建筑工程公司大成建设和冠以个人姓名的隈研吾建筑都市设计事务所相比，一般人对贵公司大概都不是很熟悉。

杉谷：我们很少出现在舞台的正面，说起来，有点像日本歌舞伎中的“黑衣助演”的角色。我们的工作有一半是政府办公楼和圆形场馆、游泳馆、医院、学校、图书馆、文化馆等公共设施。剩下的一半是机场航站楼、大学、研究所、工厂、写字楼和宾馆饭店等，属于民间项目。总之都是B to B形式的，来自一般个人用户的委托几乎为零。

——那就是说，你们不做一般民用住宅的设计，是这样吗？

杉谷：是的。说到建筑方面的设计，很多人会马上联想到建筑工程公司或工务店、住宅厂商[①]吧。或者会联想到像隈先生的事务所那样以著名建筑师名字命名的设计事务所。而我们不是个体，是有组织体系的设计事务所，拥有

---

① 日语“工务店”或“住宅厂商”尚没有完整定义，其区别也较暧昧。简单地说，基本都以个人或家庭为服务对象。“住宅厂商”为全国连锁性企业，以“卖住宅”为主业；“工务店”以地方业务为核心，通常以“建造住宅”为主业。价格上，“住宅厂商”追求统一化、规格化，用于宣传的费用要多一些，因此相比“工务店”的报价要略高一些，等等。

数百名设计师，我们的设计多以援助地区社会或企业活动的大型建筑为主。

这次重启设计招标选定了A方案，“梓设计”的公司名字出现在报纸、电视或杂志上，公司职员家属以及曾经的客户都特别为我们高兴。这对公司来说当然是好事，但我们心里很清楚，我们依旧是“黑衣助演”的角色。在新国立体育场项目上，我们会一如既往地协助大家，认真做好辅佐的本职工作，这是我们的心里话。

拥有丰富的设计体育设施的专利技术

——作为有组织体系的设计事务所，贵公司的强项是什么呢?

杉谷：嗯，强项还得算“专利技术的储备”吧。2016年梓设计公司迎来成立70周年，每年承接的建筑设计项目达100多个。其中，比方说圆形场馆有圆形场馆的技术专利，游泳馆有游泳馆的技术专利，虽然同属于体育设施，但各自有各自所需的特定技术专利。能够储备各种用途的建筑设计技术专利，我想这就是有组织体系的事务所的强项吧。

——关于体育场，贵公司也有专利技术吗？

杉谷：是的。包括体育场在内，就体育设施这一范畴而言，我们在日本拥有很高的市场占有率。在《日经建筑》这本杂志“体育设施”一栏的排序中，我们是第一位（根据2014年度决算排序“设计事务所的设计、监理业务销售额”计算）。

就体育设施而言，它包括体育场和圆形场馆、游泳馆、武道馆等，我们的订货方一般是国家或地方自治体。那么通常，设计工作由我们专业设计事务所负责，然后在完成设计图纸的基础上进行招标，最后决定施工方。所以说，体育设施的设计专利技术一般都储备在我们这种有组织体系的事务所。

在新国立体育场的合作项目上，我们当然希望能充分发挥我们所储备的设计专利技术。

——重启设计招标只有短短的两个半月时间，能做到按时梳理、提交新国立体育场的技术提案书，这应该归功于贵公司储备的大量专利技术，可以这样理解吧？

杉谷：可以这么说吧。我们梓设计公司中有专门负责设计体育设施的部门，而且公司相关职员从未间断过对国内外体育场馆的跟踪研究。对了，在旧整备方案（扎哈·哈迪德方案）中，我们是以负责意匠设计（造型等设计）的身份参加的。另外，我们很早就开发了观众席的模拟程序，至今已经过多次完善。我们称它为“BOWL设计程序”。

在此次重启设计招标时，我们就运用这个

独自开发的“BOWL 设计程序”其特点是可应对田径和足球等各种体育项目，能否确保观众席的视线，可瞬间模拟。

设计程序反复进行过各种模拟实验。所以，在我们的技术提案书方案中，没有给新国立体育场的观众席留下一个死角。这就是说，针对将来举办田径、足球、橄榄球等我们能设想到的所有体育运动项目，我们在短时间内就能完成全部观众席无死角的设计。

为了实现“运动员优先”

——听说，在新国立体育场项目中，设计阶段的“意匠设计”以及施工阶段的“施工监理”都由你们来承担。

杉谷：所谓意匠设计，在此次的项目中，首先需要我们认真解读从体育场可容纳的人数，到“座位的宽度和间隔是多少厘米”以及“某种用途的房间需要多少个”等一大堆要求事项，并根据建筑基本法和消防法等法律法规以及东京都的各项条例等，整理汇总观众看台和公共区域的形状、柱子和墙壁、门、通道等的位置，还有天花板高度等的平面图和剖面图，然后确定屋顶和外墙、窗框、墙壁、地面等材料以及数据的详细核实、确认，最后绘制可用于施工的图纸。

另外呢，体育场是无数观众汇集于此的场所，势必要经得起大地震的考验。因此，设计柱子需要多粗、横梁需要多大、地面和墙壁的厚度是多少等所谓“结构设计”和设计变电设备、照明、空调换气、给排水、防灾、消防等所谓“设备设计”则由大成建设来承担。

至于施工监理，要等到实际施工阶段了。其工作就是在现场认真负责审核、确认是否按照施工图纸进行了施工。这种确认作业很重要的一点就是，必须确保监理与设计和施工是分开的，由独立的第三方来组织实施。由于最近发生的公寓“打桩数据遭篡改事件”，对建筑质量的要求会更加严格，所以此次的监理工作让我们倍感责任重大。

——听说，这次整备计划中提出了一个“运动员优先”的理念。那么在意匠设计时，这也是一个重点吧？

杉谷：我们有足够的自信为运动员创造一个能够集中精力打好比赛的环境。临近比赛的选手都会变得十分敏感，尤其是接近打破纪录的时候更容易紧张。那么，赛前2～3小时这段时间，如何为选手们提供一个既能放松又可提高注意力的环境就是设计人员的重要职责。

例如，在训练房做拉伸、在游泳池热身练习，或者赛前在休息室提高注意力等时候，那里的温度和湿度、空调的风量、场地的明亮度、周围的声响等都会影响运动员。而这些我们从很早以前就开始研究了。

——听说运动员的通道路线设计也很重要。

杉谷：是呀。运动员经过热身好不容易集中了注意力，如果因为赛前与观众交叉相遇或与摄影师不期而遇，其心情难免会被扰乱，影响比赛。而另一方面，从媒体的角度看，他们希望有足够的时间进行采访，拍到好看的照片，这些要求也不能忽视。体育运动的内涵在今天已经变得十分重要，你必须提供一个便于媒体采访的环境。所以一直以来，诸如希望在哪个位置拍照、什么样的照明光线可以拍到选手的最美照片、怎样才能控制观众席传来的欢呼声而又不影响录音效果，我们都在不断学习之中。

放眼世界，尤其现在，职业体育已经进入“娱乐化时代”。目前，欧美各国在这方面开展得很好，所以我们很早就开始注意和研究这类体育场馆的“演出”功能了。另外，在之前的旧整备方案中，我们承担的工作也是意匠设计。从那时起，我们就与田径、足球等竞技团体以及媒体人进行过交流，了解过大家都有什么样的需求和问题。这些前期工作在今天都发挥了很大的作用。

感受民众对木造公共建筑的评价

——隈研吾先生说现在是“混凝土时代走向木材时代的转换期”。您是否觉得真的到了时代变迁的时候呢?

杉谷：没错，正如他所言。2010年日本就出台了促进和推广使用木材的相关法律。自那以后，我们在日常设计政府机构建筑、学校、图书馆的时候就尽量使用木材。算起来这五六年中，使用木材的建筑的确增加了不少。不仅是表面装饰，最近已经研发出木材可用于柱子和横梁等建筑结构部分的技术，木材的适用范围扩大了很多。

——市民对使用木材建造的市政厅等公共建筑有何反映呢?

杉谷：木材的温润、舒适感，加上地球环保等因素，我认为几乎所有人对木造建筑都持有很好的印象。最近，特别是学校的木造建筑增加了很多。

——我理解您说的不是部分使用木材的学校，而是整体木造的校舍。

杉谷：此次我们在体育场的结构体上就使用木材。不过，我认为隈研吾先生所说的走向“木材时代”的转换期应该有他更深更宽泛的意义。森林面积占日本国土面积的70%，我们是世界上为数不多的森林大国。但我国的木材利用率只有1%左右。另一方面，我国森林的树木得到了很好的养护，以每年3%的速度增长，但日本国内使用木材总量的70%都是进口的。

日本人应该尽可能多地使用当地木材，我们身边有很多东西可以利用木材，比如建筑、家具等。近来，生物能发电的研究取得了很大进展，将来的社会有望不再过分依赖化石燃料了。而树木砍伐之后，只要很好地育林种植，几十年之后仍可以成为一片资源。树龄越年轻的森林，也是吸收二氧化碳最旺盛的森林。

能生活在这种与自然彼此共存的关系之中，其实是日本人的一大优点。作为第一棒的领跑者，我们完全可以站在世界生态循环型社会的前列。

所以我说，这是产业革命以来极具示范性的转换，新国立体育场当仁不让应该成为象征这一转换的建筑。而绝不只是因为“用木材建造的建筑很漂亮”那么简单。

团队精神是新国立体育场项目的优势

——新国立体育场对任何与建筑相关的人员来说都是梦寐以求的项目，是这样吗？

杉谷：应该是的。我在九州的佐贺长大。当时佐贺有两个著名的建筑，其中之一是佐贺县立体育馆（市村纪念体育馆，由坂仓建筑研

东日本大地震之后，按照将要重建国立体育场的设想，梳理了一份可容纳 80000 人的、体育场屋顶为开闭式的设计方案。

在国际设计比赛中荣获最优秀大奖的扎哈·哈迪德方案。该方案中也有使用木材的设计提案，且该方案在第一次审查中获得通过。

究所设计）。小学的时候，上体育课滑冰曾去过那里。还有一个是佐贺县立博物馆（由第一工房+内田祥哉设计），该建筑还曾荣获日本建筑学会大奖呢。或许是受这些优秀建筑的影响吧，后来不觉中我也走上了这条路。

谁都想参与备受人们瞩目的项目，这种心情我当然也有了。东日本大地震之后，有消息说旧国立体育场或许会重新改建。其实，我们从那时起就开始独自对新体育场馆相关事项进行研究了。当时研究的就是可容纳80000人、开闭式屋顶如照相机快门结构的体育场馆。我们也参与了荣获国际设计大赛优秀奖的扎哈·哈迪德方案，使用木材的方案在第一次审查就通过了。

——重启设计招标选择了A方案，贵公司内部的气氛也发生变化了吧？

杉谷：正如刚才说到的那样，我周围是一

片欢笑，而且士气大涨。当然，我们作为“黑衣助演”角色的公司，气氛中更多的是憋着一股劲儿要好好完成我们肩负的使命。毕竟，我们的经营理念是“质实优美”，单从这个理念来说，我们算是一个很质朴、低调的公司。

对每一个设计人员来说，因为要建造如此规模的建筑，其积极性都十分高涨。我能感受到，他们作为“体育设施设计的专家”已经蓄势待发，决心一定把该做的事情做好。

前几天，我和十几位参与新国立体育场项目的成员一起吃饭、聊天。没想到，大家居然都已成为隈研吾先生的粉丝。

七嘴八舌的都是“他能和我们一起分担苦恼”。如果你说“我觉得这里不妨尝试一下”，隈先生真的会诚恳接受，并认真思考。在回答你的问题时，也从不玩虚的，爽快明了。

能在两个半月之内就整理好技术提案书，也多亏了隈先生和团队成员的良好配合。马上就要进入正式设计阶段了，在开工之前的这段时间不容我们有半点松懈。我相信，我们一定能闯关成功。

杉谷文彦（Shugitani Fumihiko）株式会社梓设计代表取缔役社长。1957年生于日本长崎县，1981年毕业于早稻田大学理工学部建筑学科，毕业后就职梓设计公司。2003年就任取缔役开发计划部长，之后就任专务取缔役，2008年出任社长至今。

第七章 | 城市的庆典功能与建筑——对话茂木健一郎①

将新国立体育场建成“负建筑”

茂木：我与隈先生第一次深入交谈是在2007年播放NHK电视节目“专家谈·工作的流派”的时候。

隈：那已经是九年前的事了。

① 茂木健一郎，1962年10月20日生于日本东京。1992年毕业于东京大学，理学博士学位。任索尼计算机科学研究所高级研究员，东亚共同体研究所理事。主要著作以大脑开发研究内容为主，著述百余部。在日本，对其成就存在赞否两论。

位于东京港区南青山的隈研吾建筑都市设计事务所

茂木：那时，隈先生提出的“负建筑”这个关键词给我留下了非常深刻的印象，很有意思。因为，对我们这些非建筑专业的普通人来说，建筑家往往给人一种喜欢表现自我的感觉，但隈先生的“负建筑”完全超越了普通人常有的那种难以言状的违和感。还记得，当听到你某些时候有将近40个项目要同时推进时，真是吓了一跳。

隈：现在，我想全部加起来大概有100个左右的项目正在进行吧。

茂木：100个项目同时进行？这怎么可能？

隈：建筑项目嘛，往往时间跨度都很长。这其中甚至还有需要10年时间的项目，而且每个项目之间都存在时间差，所以我的时间表就变成现在这个样子了。这100个进行中的项目，大概正在加紧施工的、必须亲临施工现场的通常有10个左右吧。所以，我想只要时间管理做得好还是可以做到的。

茂木：虽然你这么说，但必须亲临施工现场我还是有点无法想象。

隈：其实，今天访谈结束后，我还要到欧洲出趟差呢。

茂木：是呀。今天我们要聊一聊“新国立体育场”的话题。这事吧，让我来提问有点儿难了。(笑) 关于新国立体育场的原委，在我们外行人来看，让人干着急的地方真不少，我曾经觉得让隈先生来干就挺好，当时这算是我内心的一种祈求吧。万万没想到这祈求竟然变成了现实……

隈：连我自己都不曾想过。

茂木：就我个人而言，决定选择隈先生是对的，实话实说我真是这么想的。但是，我和伊东丰雄先生关系也很好，坦率地讲，我真有点为难了。按辈分来说，伊东先生可是长辈呀。就算确定了伊东先生参与的B方案，按辈分来说不也挺好吗，我曾这样想过。

隈：能有一天和伊东先生以这种方式参与竞标，的的确确从未想过。

茂木：我觉得，扎哈方案当然自有它好的地方，但那个设计真能表达日本向21世纪传递的信息吗？我曾对此心存疑虑。21世纪的日本希望通过建筑向人们传递的绝不仅仅是建筑的形状，应该是有关日本文化的综合信息才对。所以这次隈先生赋予建筑的哲学、自然观、人与环境的关系等，若能通过新国立体育场传递给全世界，并得到人们的极大关注，那我就太高兴了。这是我个人的感受。

隈：借你吉言，新国立体育场就是一个“负建筑”。

茂木：世间总会有这样或那样的不如意，很多时候，我们自己觉得“这样的话就好了”的愿望很少能完全实现。可这次谁都没有料到事情会是这样的结局，我觉得这真是命中注定呀。隈先生自己也吃了一惊吧？

隈：的确是大吃一惊。你知道的，最初设计大赛给出的参赛条件太苛刻了。要获得什么普利兹克奖或美国建筑师协会的AIA金奖，也就是说，投标条件只允许“巨匠或有实际业绩的大公司”参加。看到这些，我就知道自己已经没戏了，人家就没想让咱们参加。也许和大型建筑工程公司或设计公司联手一起做也不失为一种选择，但我觉得，这种刻意为之的事情很难做到如己所愿吧。再者，神宫外苑那片圣域绿荫就在我身边，原本希望的“负建筑”估计也没什么指望，所以我就知难而退了。

让战后第四代建筑家来承做的意义

茂木：伊东丰雄先生是上一代的前辈，对吧？

隈：按照建筑领域的辈分来说，丹下健三先生是二战后第一代，他生于1913年。丹下先生的下一代基本都生于1930年前后，有槙文彦先生、矶崎新先生、黑川纪章先生。再下面的是第三代，有伊东丰雄先生、安藤忠雄先生，他们二人都是1941年生人。然后再下面是第四代，比如生于1954年的我，还有妹岛和世女士、坂茂先生等人。如果按照天干地支算的话，大概12年一个轮回就会出现一次世代交替哦。

茂木：有道理，原来如此。

隈：第一代的丹下先生是支撑日本战后复兴的一代。他们很想把日本的工业实力传递给世界，所以丹下先生的建筑很直接地反映了那个时代的诉求。到了第二代，战后日本经济的高速增长已呈现衰落迹象。但即便如此，事实上那个时代是公共建筑最昌盛的时代，单从数量上看，可以说第二代的槙先生、矶崎先生、黑川先生创造了日本的战后建筑。也可以说，他们是箱子状建筑的一代吧。之后，第三代是安藤先生、伊东先生的时代，那时环境问题已成为严重的社会问题，针对经济高速增长时期的箱型建筑，可谓批评声此起彼伏。

茂木：的确，早在20世纪70年代，像哮喘、水俣病等公害就成为一大社会问题。

隈：在那样的时代背景下，安藤先生用混凝土将建筑封闭，使其消极的那么彻底，而伊东先生则用玻璃让建筑的存在感消失，表现的都是衰落迹象的那部分。

茂木：嗯，这手法是成年人那种沉稳老练的感觉。

隈：高速增长呈现衰落迹象，反过来说也表明日本进入了成熟期。而第四代的我等更是处在之后出现的后泡沫时期。日本正式进入了低增长时期。所以，我等的成名是在泡沫时代。但泡沫是一瞬间的，很快就破灭了。随之而来的，怎么说呢，在日本是没有工作的。其必然结果就是出走国外，必须在那里找工作。妹岛女士也好，坂先生也好，大家都承受着巨大的压力，在海外寻求一条生路。

茂木：终于迎来了全球一体化的格局。

隈：全球一体化不过是听上去好听罢了。因为，“除了海外就没有工作”是我们要面对的严酷现实。相对而言，直到第三代为止，建筑家还算是比较幸福的，而我们那个时代就没有那么幸福了。

这次的新国立体育场项目，没有交到第三代的伊东先生手里，而是交到第四代我的手里，这或许是一种暗示吧。在2020年的东京奥运会，你们要把从第一代到第三代所创建的战后日本建筑事业推向一个更高境界，这难道不是冥冥之中神的旨意吗？我暗自在想。

茂木：最初设定的投标资格必须是普利兹克奖的获奖者，这算是一种权威主义呢，还是……总之，我觉得招标方是因为没有足够的自信，才会去依赖有代表性的权威。你看，就连伊东先生不也是2013年才获得普利兹克奖吗？也只是3年前（2016）的事而已。

隈：是呀，像伊东先生这样有经验的建筑家，也必须历经磨难和岁月才能做到。

茂木：按照必须获得什么奖项这种崇拜权威主义的思路走下去，最佳年龄段的、富有才华的人或者有实力的人就无法参选啦。所以，我觉得起初的选考标准就不对。连隈先生这样

丹下健三设计的代代木国立综合体育馆。图为第一体育馆和第二体育馆（上图）。第一体育馆的圆形场馆，之前曾在夏季作为游泳馆，冬季作为溜冰场，并对外开放。但现在已经铺上了地板（下图）（图9）

代代木国立综合体育馆第二体育馆的内装饰，部分观众席使用了木材，营造出温馨的氛围（图 10）

被大家公认的人都不能参加投标，太奇怪了。从政府管理者的角度说，一开始就应该举办只看实力的设计大赛。

隈：哎，不受欢迎的地方就不要去吧，这是我的哲学。

建筑在任何时代都是“视觉伤害”

茂木：我对槙先生第一个站出来批评此次招标这件事，印象极深。提起槙先生，说他是日本建筑界的巨匠应该不为过吧，他的存在可是公认的。

隈：甚至可以称他是优秀到极酷的时尚巨匠。槙先生还是非常尖锐的评论家，其实迄今为止，他很少对外发表什么或有什么举动的。

茂木：这也算是槙先生秉持的美学吧。但就是这样一个槙先生，竟会有如此强烈的发声，可见这问题的重大和深刻了。哦，对了，隈先生好像是槙先生的徒弟吧？

隈：不是的。在大学并没有直接受教于槙先生，所以称不上是他的学生。但在学生时代曾很喜欢槙先生的建筑，所以一直在槙先生的事务所打工。打工期间，槙先生喝酒时常会带上我，对我算是宠爱有加吧。

茂木：是这样呀。照这么说的话，不还是徒弟嘛。我在想，针对最初的扎哈方案，槙先生能把话说得那么激烈，恐怕有什么迫不得已、不吐不快的想法吧。

隈：我想也是，槙先生如此严肃、激情的举动我是第一次遇见。大概他真的有了某种危机感吧。所以，我在由槙先生出任代表向东京都和文科省呈交的“关于新国立体育场的请愿书”上，作为联名发起人之一毫不犹豫地签上了名字。这并不是因为没让我设计新国立体育场，而是因为，若允许那建筑建在神宫外苑的圣域绿荫之中，我作为附近的居民很不喜欢，这算是一种本能的感觉吧。

茂木：建筑若被近邻的人们厌恶，英语里面有个词叫作“eyesore（视觉伤害）”。“哎呀，怎么建了这么一个……”“咦？没有它就好了”类似这种话里有话的一个词。当然，也有像埃菲尔铁塔那样一开始就被人们嘲讽“eyesore”，所以也不能一概而论。

隈：没错，没见过的东西在最初都会有那种碍眼的感觉。

茂木：2020年东京奥运会在申奥阶段，好像曾为提什么口号而大为困惑。

隈：是的。最初有过为了东日本大地震的灾后重建这种提法。

茂木：灾后重建当然是一件很重要的事，但我认为，考虑到向全世界推介日本的普世价值，似乎复兴、重建还不足以表明。这种迷茫和困惑，到后来在相关人士之间也越来越强烈。用这些相关人士提倡的一个词来说就是“共生”，思路开始朝着这方面转变了。

隈：使用“共生”一词倒也无可厚非，但关键是将“共生”如何反映在体育场这一建筑上，从结果看，我认为很多人都没搞明白。“未来是环境的时代”“未来是共生的时代”，这么说或这么写是一件非常容易的事，但怎样才能更好地反映到建筑的形式上呢？在这件事上，其实就连专家都很难看清楚的。所以，最初的设计还是迷恋在“建筑如果不夺人眼球可不行”“哇，还是亮眼的建筑才符合奥运会”这样的想法之中而无法自拔。

茂木：当今，“IT素养”这个词常被人们

挂在嘴边上，我想也应该有建筑素养的说法吧。打个比方，就拿隈先生的工作来说吧，“根津美术馆”“三得利美术馆”“丰岛区役所”或者是“歌舞伎座”等，在那些对建筑感兴趣的人眼里，可以从其脉络中读懂隈先生的建筑想展现的是什么。但在普通人当中，能够对隈先生的建筑抱有相同认知的人，恐怕连全体的1%都不到。有人能切身体会、读懂建筑的“文法”和思考方法，但这一素养，比方说在新国立体育场的设计大赛上，究竟能产生多少共鸣呢，对此我持怀疑态度。

隈：对政治家或体育相关团体的高层人士来说，所谓体育设施，在他们的脑海里首先想到的就是“扬我国威”或与某个活动相适宜的、华丽的场所吧。

茂木：组委会的官员们也未必都具备建筑素养吧。

隈：嗯，特别是我一直秉持的“负建筑”理念，我想他们应该没有太多的兴趣吧。（笑）

成为短期盈利工具的建筑

茂木：隈先生的早期代表作应该是位于东京环状八号线（轻轨电车）沿线的那座“M2”（马自达产品陈列馆）了，那可是一座相当后现代主义的建筑呀。

隈：那座建筑或许也算是一种“eyesore（视觉伤害）”吧。（笑）在我来看，那是对东京沉醉于泡沫经济之中的一种强烈嘲讽，很想和大家一起嘲弄一番的，但在今天看来，那只是我的单相思罢了。也正因为这个建筑遭到世人的极度不满，那之后的10年间，我失去了在东京的工作机会。所以无论从哪方面讲，那都是一次值得纪念的工作。

茂木：这应该是泡沫经济最盛期的工作，运用一种滑稽手法表现了当时颇为流行的后现代建筑的主题。依现在的隈先生来看，这实在是无法想象、花哨而富有攻击性的建筑。

隈：M2就像泡沫经济汹涌而无序的东京，它是那个时期碎片的聚集体，一个原生态混沌的建筑，这是我原想表达的。在运用滑稽这一讽刺的同时，其实是想把建筑“负(屈从)”于环状八号线的混沌环境之中。可惜，遭到了人们的嘘声和不满。总之，“负(屈从)”的方式没得到很好地理解吧。(笑)

茂木：如果我再看见的话，也许想法就会不同了。最近你有没有去看过？

隈：M2如今变成殡仪馆了。

茂木：是吗？这可有点儿意外了。你怎么看？

隈：它能作为殡仪馆发挥应有的作用，我

挺高兴的。建筑能被人们一直利用下去，我觉得那是建筑的一大夙愿。

茂木：那建筑是隈先生的作品，大家几乎都不知道吧。

隈：在建筑界可是人人皆知哦。

茂木：对于知道的和不知道的人来说，若从隈研吾作品的脉络去看，一定会觉得太具有冲击力了。话说回来，能从强烈的滑稽讽刺风格很好地转换到“负建筑”，我觉得这是隈先生的厉害之处呀。当然了，正因为建造过M2这样一座极限建筑，才会有今天的隈先生。

隈：能这样理解的人在今天这个世界毕竟还是少数吧。（笑）

茂木：我倒以为这是一个很重要的问题。例如，大型体育场馆这样的“公共建筑”一般由所谓民主的绝大多数来决定，但反过来想，倘若这“决定”导致的结果令人非常尴尬、困惑该怎么办，这是我所担心的。所谓建筑，它既代表了一个时代最前沿的感性与知性，但同时它还是该领域那个见多识广的人认真负责地展示给世人的东西，假如失去了这一前提，就连项目本身都无法推进吧。用昔日的一句话说，有“鉴别能力的人”是不可或缺的，有鉴别能力的人说“这个好”，然后以那种自上而下的管理方式去实施的话，才有可能打磨出一个好建筑。但是，在当今日本式管理的状态下，已经很难去接纳这种以具备鉴别能力的人为核心的自上而下的管理方式了，难道不是这样吗？

隈：不仅是日本，我想这也是世界性的课题。这与如何诠释、运用民主主义这一命题也是息息相关的。进入全球一体化之后，国外也一下子出现了很多花里胡哨的建筑，一时间，这种可短期内回收资金、销售完了就跑路的做

1991年作为汽车展厅而建造的“M2”，后被改用于殡仪馆

法席卷了全球。总之，在中国以及亚洲的建筑项目上，邀请了那些称之为全球著名的建筑家，绘制着外观就像素描一样的粗糙图纸，然后那建筑几乎就是照搬素描的样子突然之间就建好了，但随着销售结束，建筑也就没人管了，这种“套现型”的做法已成为主流。

茂木：满世界都是这样吗？

隈：这种手法作为短期商业资金回笼的一种道具，已经让建筑成为一种广告代理商性质的媒介。全球经济一体化可驱动快速的资金转移，因此这样做的结果，只要建筑这一“高价商品”能被你很好地“利用”，那么你就可以在瞬间成为土豪呀。

茂木：中东地区那边也是这样吗？

隈：中东地区也不例外，就连俄罗斯也都是这样。我们的建筑不再是为了城市，抑或让使用者获取幸福的“长期愿景”，而是如何才能让它成为可利用的短期赚钱工具，这一命题在20世纪90年代以后就变成建筑设计的基础了。

茂木：等一下。你的意思是说，像隈先生你这样有名望的建筑家也变成赚钱“矩阵”中的一个要素了？

隈：是的。有了声誉和名望，你就是这场游戏中的一颗棋子。扎哈·哈迪德的建筑，从这个意义上说是最具偶像、代言人形象的。这也是她成为全球建筑界女魔头的一个原因。

茂木：原来是这样呀。

隈：比方说，在很久以前矶崎新先生就预言过，建筑将朝着一个争夺偶像、代言人的方向发展。矶崎新先生简直太敏锐了，所以我就开始朝着相反的方向去摸索建筑本该有的状态。

(笑)那之后，才有了我一直提倡的希望把“负建筑”做到极致的想法。

用“长时间轴”去思考

茂木：这个嘛，还真是个很复杂的话题。我在想，有些时候人们自己不去做判断，哪怕只是借用建筑家这一品牌，也愿意由建筑家来说“这样做挺好的”，这种情形总是有的。我想这么做的意思是，订货方比较容易做出利益方面的估算吧。如此一来，就像品牌租赁那样的订货自然会集中到一部分声望较高的建筑家身上。

隈：在过去，时尚设计师会将专利品牌租赁给诸如毛巾或坐便垫厂商，以此盈利。但今天，像建筑这样的大型商品也列入了品牌贸易的范畴。

茂木：那该如何是好呢？关键是这一进程实在让人看不透。再说，新国立体育场最初的设计大赛又是那样一个结局，而重启设计招标的前前后后也不是一般人能搞明白的。

隈：我以为，首先应该让社会尽早地了解短期套现型建筑体系的缺陷所在。例如，现在无论是公寓还是一户独栋住宅，从售楼宣传页上看都很不错，但是一旦住进去没多久就会让你感到厌倦的。还有，看上去好像很新潮、时髦的样式，但没多久其样式就过时了；或者是，让邻近的人们看一眼都觉得很闹心的样式等；对各种层出不穷的负面状况，我们的社会很有必要好好地学习、了解一下。

茂木：学习了、了解了就能变好吗？

隈：如果学习了、了解了，那么无论是在修建公寓的时候，还是在公共建筑设计招标的过程中，你就能筛选出那些属于“短期决战型”

的建筑，然后摒弃它们。其实，我在世界各地的建筑施工现场已经感受到从短期型走向长期型的氛围越来越浓。

茂木：日本也是这样吗？

隈：不管是日本还是全世界，对这种“短期建筑”问题的认识和学习都在逐步加深。而在这方面哪怕只有一点点的进步，都是我等的希望。

茂木：比如，在改建修缮歌舞伎座时，隈先生的态度就是远离短期建筑吧。其实，我从学生时代开始，很长一段时间都是歌舞伎座的忠实观众。说实话，当改建修缮结束后，有段时间我都不敢去歌舞伎座。害怕万一我所熟悉的那个空间改变得太新潮该怎么办，心里一直有这种不安。不过，当我走进剧场之后，发现完全没有自己想象的违和感。那舒适性真是没得说，虽然超过了之前的剧场，但剧场内的氛围一点儿都没变。真是不可思议。

隈：自己说似乎有点那个了，但确实连我自己都觉得不可思议。（笑）因为的的确确这工程与自己有关，而且被拆掉的第四代歌舞伎座原址，即要重建的地方什么都没有了，我自己就在现场呀。“怎么搞的？和从前一样……我甚至有些恍惚地想这五年来到底干什么了？”我自己都糊涂了。

茂木：是呀，和从前一样一样。太厉害了。

隈：剧场座椅的前后宽度均扩大了5厘米。也就是说，座椅的排列配置发生了改变。不仅是这些，座椅安放的倾斜角度、剧场天花板的高度等也有许多改变，可为什么还会感觉和过去的空间相同呢？这是连自己都觉得不可思议的地方。

茂木：隈先生，真是太棒了。不过，说真的，这“没变化”是不是特别有意识去做的呢？

隈：氛围感是有其历史连续性的，这是很重要的。其中之一就是墙壁的纹理。第五代剧场的墙壁再现了第四代剧场使用厚纸板装饰的令人不可思议的墙壁。还有，镜框式舞台也是将过去伤痕累累的木材进行了再利用。像这样可持续利用相同材料的地方，在新落成的歌舞伎座里还有好几处。我想，当墙壁、柱子等人类的五官知觉很容易接触到的部分与旧建筑相同时，人类的大脑就会感知到一种延续性吧。这方面，正好是茂木先生的专业了。

茂木：像墙壁这样围绕人类身边的素材，其效果太明显了。隈先生小时候和家人一起居住的房屋一定也改建过，积累了很多经验吧？

隈：是呀。我老家是很古老的木造房屋，全家人会凑在一起“这次先修一下过道走廊”“下次改建一下厨房”，一边没完没了地商量着，一边好赖能凑合住着。我想，我就是从木造房屋的修修补补开始立志学习建筑的人。就在新国立体育场扎哈方案出现各种争议的时候，我收到了一位朋友的电子邮件，“希望隈先生一定考虑一下，不拆毁代代木国立综合体育馆的改建方法”。收到邮件后我意识到“是呀，还有这样一条路可走”。大概是从那个时候开始的吧，我又开始关心曾离我渐渐远去的奥运会以及那座主会场了。

茂木：结果，最终还是被拆掉了。不过，隈先生骨子里的那个长期构想却有了更大的自由发挥的余地，对吧？

隈：的确是这样。用我擅长的修复这一不起眼的手法或许能为这届奥运会做点什么。就在我的观点发生了改变、开始关注新国立体育场的时候，筹备参加重启设计招标的大成建设向我发出了邀请。

“公寓文化”摧毁了什么

茂木：按说日本的建筑，无论是法隆寺还是正仓院，不都是以修复为前提的吗？经过修复、维护以便更长久地使用。反过来说，现实中能如此长久地保存下来，我认为这正是日本木造建筑的特点，但不知为什么这样的DNA竟被我们遗忘了。

隈：所谓日本建筑，竣工并不意味着结束，从某种意义上说它是永远持续下去的东西。而最能保持这种永续性的其实就是“树木”这一木材。反过来说，最无法保持永续性的就属混凝土了。混凝土无法做到部分更换，若必须修复的话，只能全部摧毁。而木造的建筑，或更换柱子，或更换房梁，是可以进行部分更换的，所以可以一直使用下去。

茂木：我想知道，在诸如木材的材质本身

有无特殊加工方法，或提高其耐燃性这一技术方面是否取得了什么进步呢?

隈：这要说我们赶上了一个好时代，这20年间木材的耐燃性和防腐性等在技术方面取得了非常大的进步。由于木材可将空气中的二氧化碳固化，所以使用木材成为防止全球气候变暖的强有力手段。结果，全世界建筑家的关心一下子集中到了木材的身上。

茂木：那日本在这方面的技术很厉害吧!

隈：不见得呢，现在特别是在欧洲，有关木材的技术开发十分迅猛，相反作为森林资源丰富的日本反倒处于落后状况。

茂木：啊?这岂不是太糟糕了。

隈：话虽如此，当然日本国内这方面的技术也在进步，加之全球对木材的追捧，所以我才能在新国立体育场项目上提出以木材为中心的方案。假如没有这股“东风”，我想不管你说多少遍“木质的感觉很好的”，在这种大型体育场馆项目上使用木材的提案恐怕无论如何也是通不过的吧。所以，从某种角度来说，此次的时机非常之好。

茂木：我小时候的家也是木造的，总之最喜欢待在过道走廊了。我觉得，类似过道走廊那种空间的利用方法与日本的风土十分吻合。在当今这个忙碌的时代，我觉得有它是最奢侈的享受。没错，木造的家总要修修补补有些麻烦，但它是最贴近生命的，是最能让人的大脑得到舒缓、平静的素材。

隈：果然是这样呀。

茂木：木材的永续性，据说对人的大脑很有好处。作家保坂和志在小说《盗听之碎片》（2003年新潮社出版）中曾这样描述过，房屋会留下人们世世代代居住过的记忆，那残存的记忆可让人的心灵得以充盈。可惜呀，这种充盈似乎已经被现在的我们遗忘了。从前的日本木造住宅正在被公寓不断替代，在这一过程中，我今天所说的住宅记忆以及木造建筑拥有的丰富性和奢侈性正在与日本人渐行渐远。这对日本人来说实在是太不幸了。

隈：从这个意义上说，我琢磨着是混凝土的“公寓文化”摧毁了日本人的审美能力。

茂木：那个……我现在就住在公寓，所以不敢妄言了。不过，确实觉得日本人在修建集体住宅的过程中，丢失了我们自身曾传承的木造空间价值。当你看到那些逮住机会就满世界建造那种卖完就走人（短期套现型）的公寓时，你对日本人素养的缺失一定能感觉到，或者应该说是震惊吧。

隈：公寓，就是将一户一户的正面宽度做

到最小限，将单元最大限度地塞进去，以此预估卖方的利益。虽是狭窄的正面宽度，确保了一定的房间布局，但最后贴上大理石等装饰，告诉你这是高级公寓哦，一个虚有其表的建筑就是这样建造的。公寓业界就是这样，通过使用这种质感纹理的伎俩，让你将毫无品质可言的空间幻想成豪华空间。我认为，正是这种商业做法毁了一部分日本人原有的素养。

茂木：我曾在剑桥大学留学两年，和英国挺有缘分的，至今每年都会去。英国的传统生活方式是“伦敦和乡村”两地式的。在伦敦，他们居住在称为分层住宅的那种集体住宅。在乡村，他们继承一栋古老的家，十分珍惜地继续使用着。英国的旅馆也一样，很多都是从以前古老、破旧的建筑改造过来的。我问过那里的主人，他说：当初，这里是空巢，刚进来的时候到处都是蜘蛛网。之前有一段时间还作为鸡舍使用过，屋里到处都是鸡粪，可脏可脏了。但就是这样一个地方，花了一年左右的时间进行改建，现在已经成为B&B[①]了。这种下点儿功夫就能产生高价值的哲学理念是英国民众的一个共识。

隈：在英国，有段时间也曾流行过高层公寓，但最近高层公寓已经失去人气，估计是再也不想建了吧。这正体现了英国毕竟是英国的那种印象，可以说，是这个国家没有去选择高层公寓。

茂木：这就是他们的百姓。

隈：我认为这是他们非常明智的选择。虽然法律上允许建造超高层建筑，但人们没有去选择，我认为这才是有文化、懂文明的国度。

---

① 译者注：bed and breakfast。一种小型家庭旅馆，只提供住宿和早餐。

茂木：日本人呀，其实原本是有很高素养的人。所以我就想了，就算是体验一下刚才提到的价值观，今后那种都市和乡村的双重生活如果能在我们之间变成一件很普通的事情就好了。

隈：在今天，时代又转了一个轮回，听说年轻一代已开始重新认识古老建筑的价值了，也有人开始对合租房或B&B等着手进行修复、改造。这也算是一种别具风格的审美意识吧，这种修复和改造并不是为了所谓有钱人，而是为了普通百姓能够心情舒畅地去利用。通过这件事，让我看到了希望。

茂木：外国人应该也很喜欢这类B&B或合租房呀。这正好符合奥运会期间来日本的游客的兴趣。古建筑的改造的确相当费工夫，但花费一些工夫绝对能换来更大的价值。

隈：赋予古老之物以价值，这一态度绝不

是因循守旧的意思，而是喜欢新的才对。

“理想的困难”让日本人成长

茂木：我认为，在英国人的内心存在一种广义上的素养理念。丰富自己的人生，即是广义上的素养，这种感觉最近越来越强烈。无论你在什么环境的乡村生活，无论你多么贫穷，只要有素养，人的生活就会丰富多彩。而且，这里所说的素养并不是那种夸张的、高大上的理念，它是自然不造作的，无须你为此去刻意渲染的。哎，怎么日本人就把它丢了呢，难道是战后遗留的创伤不成？

隈：我认为，生活在什么样的空间与人的素养有着非常密切的关系。例如，超越大理石或花式吊灯等强迫性“高级”概念的价值观，难道不是真正的素养体现吗？素养和生活是一体的，且与居住的空间同样是一体的，但遗憾的是，它在很多日本的街巷中正在消失，令人伤感呀。

茂木：这可不单单是普通百姓之间的话题，对吧？之前的东京奥运会（1964）说什么好呢，首都高速路就那么横跨东京的日本桥①，这事就这么做了呀，依我看国家层面也是素养贫乏。但是，如今总算开始反省了，有迹象表明欲将东京变成在世界上引以为豪的大都市，包括拆除横跨日本桥的首都高速路的争论已经开始了。

隈：用一句现时代应景的话说，考虑包括城市规划在内的空间时，其关键是要拥有无愧于全球一体化所必备的素养吧。

---

① 译者注：当年，首都高速公路正好位于日本桥的上方。在日本桥上已无法看到天空。日本桥附近的居民因此提出了将高速公路改为从地下通过，从而恢复日本桥景观的构想，但一直未能实现。

茂木：我听安藤忠雄先生说过一件事，在国际设计大赛上，即便像安藤先生这样的大师级人物也是屡战屡败，和已经实现的梦想相比，未能实现的梦想要多得多。但即便如此，只有不放弃，继续努力，别无选择。这个“不放弃”是非常重要的。当今这个时代的建筑家，就像日本网球选手锦织圭的存在一样。锦织选手虽然具备世界顶尖选手的实力，且实力超群，但就是赢不了，处于十分痛苦的阶段。但是，既然能在如此严峻的世界上生存下来，就总会有他发光的时候。

隈：我也是自从参加国外设计竞标以后，对建筑的看法发生了很大的改变。

茂木：隈先生，发生了哪些改变呢？

隈：日本这个社会呀，不只是建筑界，其他任何行业都一样，就是俗话所说的“身边总有双眼睛紧盯着你”，是个“相互监视”很厉害的村落社会[1]。换句话说，对“好建筑”的判断标准来自这个村落社会，设计大赛的全体评委也是这个村落社会的居民。所以，我总有一种要窒息的感觉。但是，到了国外就不同了，你可以完全放飞自己。用刚才茂木先生提到的网球打个比方，在国外无论是什么扣球，如果你不能挥拍扣杀到底是无法取胜的。而在日本，就算你想拿球拍一挥到底地扣杀，但由于风险过多，中途不停下来又不行，那种感觉能急死人。在国外，哪怕是有球拍稍作停顿的犹豫，那设计招标大赛你是绝对没戏的。所以，“不得不一挥到底地扣杀”这种感觉让我茅塞顿开。

茂木：我觉得，目前日本国内有想法的人，

---

① 日语“村落社会”表示一种社会结构。指村落成员共享其谋生、生活所需资源的供给环境；根据共同参加各种活动，以体现统一意识和维系秩序。村落社会具有互助的性质。但它以强者为核心，严守秩序和规矩，是不接受外来者的排他性、封闭性社会。

只要去外面感受一下世界风，然后“挥拍扣杀”是可以在世界占有一席之地的，而且这样的人很多呀。可在日本国内却做不到，实在是太可惜了。

隈：真的很可惜。因为日本人对空间的感受性以及创造空间的能力相比语言有其更胜一筹的部分。在经济泡沫破裂之后，我们这一代人便处于只有到国外才能找到工作的状态，尽管这期间十分艰辛，但就结果而言还是获益颇多的。

茂木：认知科学中有这样一句话，“理想的困难（desirable difficulty）”，说的一点儿都没错。例如，爱因斯坦的运动性语言中枢发育较差，他到5岁时仍无法正常说话。这虽是他遇到的困难，但他处理视觉信息，即处理形象（想象力）的部分十分发达。

隈：真的呀？

茂木：这是通过对爱因斯坦脑部的解剖知

道的。也就是说，爱因斯坦虽然运动性语言中枢遇到了困难，但他运用形象思考问题的能力要远比普通人发达，所以他能找到相对论的突破口。当遇到困难，人若努力去克服并超越它时，其能力就会增强。

隈：很久以前，我的手撞到自己制作的玻璃桌子上，被划破了，结果右手腕的神经被全部割断，伤得很重。至今我的右手指尖没有感觉，手指不听使唤、无法自由弯曲。所以到现在我不穿衬衫的原因就是因为我连一个扣子都扣不上。(笑)

茂木：是呀，听说了。隈先生的右手伤得很严重。那次受伤是隈先生因一篇建筑评论刚刚出道的时候，那是一篇非常流丽的后现代主义文章，这难道是浅田彰[①]写的吗？当时我就惊

① 译者注：浅田彰，日本评论家，因在日本传播欧洲大陆的最新思想而出名。

呆了。敢问，那篇文章是手写的吗？

隈：受伤是开始写建筑评论之后发生的。当时“文字处理机”（word processor）已经比较普及，但我的文章都是手写的。

茂木：我听说了，你基本不用电脑，现在也不用吗？

隈：现在也不用。我只用智能手机和iPad。这么说，是不是惊着大家了。

茂木：所以才有了隈先生自己的风格。这样一想吧，我觉得意义蛮深奥的。就是说，也许你会遇到什么困难，但在克服困难的过程中，你会形成独自的进化和发展。我想，那就是“负建筑”吧。

隈：确实，我在受伤之后发生了不小的改变。当知道自己无法准确操作键盘之后，我就明白今后只能与他人一边小声叽咕叽咕商议，

那珂川町马头广重美术馆采用了很多当地出产的杉木和石材（图 11）

前往根津美术馆的入口要经过一片竹林通道。巨大的开放型玻璃窗让庭园和室内空间一体化（图 12）

一边工作了。文章呢，也不求一气呵成写得有多快，只能把平时手写的零散想法慢慢整理。而让我下决心这样做的原因就是受伤的右手。

茂木：我是个坐不住的人。从小学开始就是班上的“害群之马”，老师在给家长的通知单生活一栏的评语总是写着“心神不定，坐不住”。用现在的标准判断，估计很可能还要加上ADHD（注意力欠缺，有多动障碍）的字眼儿了。

隈：也正因为这种坐不住，才有了现在的茂木先生，对吧。（笑）

茂木：我毕生从事的主业是“脑科学的意识研究”，但除此之外也做一些电视节目的主持人，和像隈先生这样的各界精英也有接触和访谈，这种“到处插手”的做法大概也是因为我坐不住、不安分吧。结果，最后搞得个人兴趣志向飘忽不定。为这事，有段时间我还真是苦恼得很。但是，从某个时期开始，我意识到这就是我自己，没办法的事了，于是就当作自己的风格接受了。不可思议的是，这样接纳自己之后，反而拓宽了自己要走的路。

靠“无言的力量”在世界打拼

隈：按照你的说法，对咱们来说，英语作为世界通用语言也可以列入“理想的困难”范畴了。

茂木：非常非常困难，超限呀。

隈：我的事务所里有相当多的外籍职员，因此在语言方面我从未想过和他们争辩什么。既然在语言方面我力不从心，那我不如就做一个彻底的倾听者。

茂木：是这样的。就拿我来说，对英语这

类外语的想法也改变了。最近发现，和那些把英语作为母语的人相比，我自己的英文差得真不是一星半点儿。不过，我倒觉得这是值得高兴的。因为这恰好说明还有我能做到的地方，天生我材必有用嘛。

隈：你这想法太不一般了。（笑）

茂木：单就词汇量来说，据说，通常日本人考大学要记住大约6000个英语单词。而专业学英语的人，即母语以外学习第二外语的人需要掌握的词汇量大概在12000个。我也曾留学英国，估算了一下大概掌握了25000个单词吧。

隈：这不是很厉害吗？

茂木：乍一看很厉害是不是，但对说母语的人来说，这25000个单词是最低限了，通常要掌握35000个单词。然而，要从25000扩展到35000的那些词汇，别的不说，对讲母语的人来说都是平时闻所未闻的词汇。

隈：啊？

茂木：有些词汇就算是你阅读《金融时报》《时代周刊》等有品位的报纸杂志，也不会频繁出现。再打个比方，那些词汇说不定是你阅读小说10年只会出现一次的单词。

隈：你的意思是说，说母语的人都知道这些词汇了。

茂木：所以说呀，这绝对是你我无法到达的境界，对不对？

隈：的确如此。

茂木：不过，反过来看，那些长期居住在日本、说着一口流利日语的人，比如像Dave Spector先生（戴夫·斯佩克特）的日语，怎么说呢，毕竟和日本人说母语还是有区别的。

隈：嗯，好好琢磨一下的确是这样，语言这堵屏障实在是太高、太深奥了。

茂木：因此，我认为这世上也一定存在只有日本人才能做到的事。那一定是美国人或英国人无法体会的一种感觉，或者说如果日语不是母语的人是很难理解的感觉。隈先生的建筑就给人这种感觉，雕刻家内藤礼先生的艺术作品不也是这样吗？

隈：这倒是很有趣的观点。我在哥伦比亚大学留学时，原打算一直用英语交流来着，但后来也终于明白，我根本无法与外国同学进行争辩。（笑）所以，当事务所的职员们相互发表意见时我尽量少说，而是去认真倾听。我常想，在这些意见当中，我该如何发现那个平衡点。你知道，如果是日本人之间的话，下级对上级的话往往会表示盲从的支持，但外国人就不会了。所以我在想，没准能从这差异当中发现什么新的更有趣的东西。不能倾听他人意见的人，只会越来越退化，这是我的观点。也许我的想法和茂木先生刚才所讲的有些关联吧。

茂木：事务所的职员来自世界很多国家吗？

隈：大约15个国家吧。我们调配团队的时候，不会让外籍职员单独组成一个团队，而是让日本职员和他们混搭组队。由于英语为母语的人是少数派，所以团队中大家只能用半吊子的英语来开会，而我是倾听者。有外籍职员在，大家都觉得每天热闹得就像在旅行，事务所的气氛相当轻松。

茂木：在“AlphaGo”[1]和世界最强围棋选

---

① AlphaGo，即阿尔法围棋，是谷歌旗下 Deep Mind 公司研发的一款围棋人工智能程序。Go 是日语“碁”的发音，围棋的意思。多有国内媒体译成“阿尔法狗”，大概是不了解日本将围棋推向世界的影响力。

手李世石比赛时，那位英语解说员把“先生”这个词的发音用得很独特微妙。严格地来说，应该发“Sensei”[①]的音，而不是他口中说的“先生”。不过，这位解说员没有喋喋不休、高谈阔论的讲解，而是很优雅地展现了日本式美学的一种玄妙，即“男人用肩膀说话”的那种帅气。这玄妙之处可比咱们想象得更具全球普遍性，我甚至觉得，这不就是日本人的“必杀技”吗。

隈：传承像围棋、日本象棋、柔道、剑道这类传统项目的深邃奥妙岂是单凭语言就能表达出来的。

茂木：“禅”的哲学理念也是如此。史蒂夫·乔布斯曾为禅所倾倒。所谓“禅”的精髓，与其说在于从不张扬内心潜在的优越感，不如说在于语言的从简去繁。隈先生的建筑在国外

① 译者注：日语“先生”一词的发音。

常被认为很有禅意，对吧?

隈：用禅这个词来形容我的建筑还是第一次，不过我的建筑造型确实不属于“雄辩型”的，这一点或许是相通的吧。

茂木：那扎哈的方案绝对是雄辩型的。

隈：从这个角度说，我的作品的确属于无言的建筑。

茂木：对于无言，我们很多人会觉得它是一种莫名其妙的自卑，但事实上，当你出了国就知道，这无言竟是意想不到的一种魅力特质。由于我们日本人天生就具备所谓“无言的礼仪”，因此我们平常很少在意过。我认为，这反倒是日本人的长处，是应该传递给国际社会的。

隈：的确，自从我在国外与人开始交流，也意识到了“无言的力量”。总之，当你认为雄辩不如他人时，那就自己好好磨炼无言的力量吧。

茂木：反过来说，我倒是真不明白，他们怎么那么能说呀。

隈：他们的教育就是如此。在美国留学期间，相比制图能力，反倒是面对图纸侃侃而谈且词句华丽的学生要强势得多。

茂木：按说，美国也有缄默无言的人。他们并不喜欢抛头露面，而是含蓄、羞涩、思想有深度，并因此被人们所认可，受到人们的尊敬。这样的例子有很多。美国的文化中也有很多这样的例子。在英国尤其是这样，人们欣赏有深度的思考，而不是流于表面的语言或争论不休。这些都是和日本社会相通的地方。

隈：无言的含蓄和效果是非常重要的一点。今天被茂木先生这么一说，还真是这样，也让我有了新的发现。

圣火台在哪里?

茂木：咱们的话题回到新国立体育场，站在新闻媒体的立场说，无论如何都要谈论的话题就是圣火台。圣火台在设计时被遗漏了，有段时间为此议论纷纷，究竟是怎么回事呢?

隈：在设计投标纲要中并没有这样的记载，这是很明确的。其实，圣火台的重量也没有你们想象得那么邪乎，只要让木造空间中的木材保持一定距离，没有任何问题，安装起来很简单的；如果让设计人员来说的话，安放在哪里都不是事儿，怎么都可以。对我们设计方来说，这原本并不是什么需要担心的事情，反倒是这议论纷纷的骚动让我们大吃一惊。

茂木：原来是这样呀。

隈：但是，预算还是需要的，所以问题是谁来承担这笔预算。

茂木：原来问题在这儿呀。怪不得东京都和国家围绕着谁在那儿掏钱相互扯皮。以往申办奥运会的城市都会在举办之前遇到这样或那样的批评或爆料一些问题，让公众提心吊胆"这样下去到底还能举办吗"。但到了临近开幕之前就会一下子热闹起来，等到开幕之后，就会完全沸腾到极点。比如伦敦奥运会，被誉为举办得非常成功，但在开幕之前批评声就没有断过，看来东京奥运会也不会例外吧。

隈：1964年的东京奥运会恰逢日本经济高速增长期，赶上了一个非常幸福的时代。现在又和那个激情岁月的记忆连在了一起。我就是在那个时候与丹下健三先生的代表作代代木国立综合体育馆不期而遇，并从此立志当一名建筑家。2020年的东京奥运会将留给世人怎样的记忆，这太重要了。我想，肯定对孩子们也有很大影响。

茂木：虽然现在有很多批评意见，但里约最后的奥运圣火已经传递到东京的手里。这样一来，“下届就是东京”那种临近的真实感也会越来越高涨，奥运气氛也会越来越浓吧。从这个意义上说，到了2020年前后，也许我们就可以说，日本迎来了真正向世界敞开的时代。

隈：其实，现在日本各大学参照国际规范办学已是很平常的事了。

茂木：嗯，若与稍早一些时候相比较，这几乎是划时代的变化。以后呢，哦，应该说现在了，来日本的海外游客不是增加了很多吗。托奥运的福，东京的景观真的发生了很大的变化。

隈：外国人走在路上已经不是什么新鲜事了。银座的十字路口也一样呀，但最让我吃惊的是明治神宫。

茂木：没错没错，真的，平常日子的白天

外国游客都多得不得了。不仅仅是大家常议论的中国游客，还有欧洲人、美国人、拉美各国的人。

隈：对日本人来说，神社或神宫都是逢七五三[1]或正月或特别的日子才会去的场所，平时一般很少进去。但现在，平常日子的明治神宫好像变成了专为外国游客准备的场所了。

茂木：据说80%左右都是外国游客呢。这种逐渐改变的景象，或许会成为日本向世界展现她开始成为国际性核心都市的时代印记，并留在人们的脑海之中。在这当中，很期待隈先生展现日本人的美学，即崇尚自然的建筑能成为这印记中的一大亮点。例如，“寿司”就代表着日本文化并为全世界所接受。隈先生的建

---

① 日本祝福孩子健康成长的仪式。每年 11 月 15 日这一天，3 岁或 7 岁的女孩、5 岁的男孩要去参拜神社，参加神社避灾祈福的仪式。很多孩子会手持一袋象征吉利的“千岁糖”拍照留念。

再现了涩谷川河道曾经的“潺潺流水”。画面是体育场一层连廊部分的“潺潺流水”规划图。（摘自新国立体育场整备事业“A 方案”的技术提案书。）

筑也一定可以像寿司那样展现日本的精华所在。新国立体育场，若能成为寿司那样代表日本的辉煌该多好，这是我个人的强烈愿望。

隈：真希望能建造一个秀色可餐的寿司。(笑) 寿司的种类很多，我的“寿司”不会是重视市场营销的回转寿司，当然也不会是只限某些人品尝的超高档寿司，如果能给人以普通街巷的一家寿司店居然也有“这么好吃的寿司”那种感觉就好了，我这么想。

茂木：我想，你指的就是木造建筑这类有内涵的东西。

隈：在过去，日本的城镇到处都是这类建筑，但如今已经很难见到那种“高档次”“伟大而平凡”的建筑了。

茂木：在考虑国际潮流的同时，面向日本国内，比如在新国立体育场项目中，是否考虑过与日本东北部地震灾区之间的关系呢？

隈：这个嘛，当然有所考虑。2020年将是一届高龄化的奥运会，但同时也是一届复兴的奥运会。从这一观点出发，我们的项目不会注重回转寿司式的市场营销，我们主诉的是植根于本土的价值。新国立体育场项目将积极采用日本东北部受灾地区的木材资源。东北部拥有包括杉树在内的很多优质原材料。像这样由日本风土孕育的材料，换句话说，如此优质的食材，请一定细细品尝。

茂木：那是当然了。同时也希望新国立体育场能成为建筑家隈研吾职业生涯中的一个足迹一直保留下去。隈先生被丹下先生的建筑所触动，在历经半个多世纪以后，能亲手建造一个崭新的国立体育场，应该算是最幸福的告慰了。

隈：茂木先生对之前的东京奥运会有印象吗？

茂木：我那时才2岁，不记得之前的奥运会。

隈：才2岁？肯定不记得什么了。但当时群情高昂的气氛总会了解一些吧。

茂木：听说对当时的日本人来讲是一届非常成功的奥运会，我很能理解。我想，今后大家一定会在各种场合对比2020年奥运会和之前的奥运会。我觉得还有一点也很重要，那就是2020年的东京将以什么形式留在我们的记忆中并得以传承下去。这种纪念性的因素是否在项目设计时有意识地考虑过呢？

隈：奥运会是非常非常大型的活动，我们当然会意识到它的纪念性。话是这么说，但我们建造的可不是那种陈腐过时的庞大纪念性建筑，我们的体育场将成为神宫外苑那片圣域绿荫的一部分，它的存在就像忽隐忽现的记忆一样。就像明治神宫给人的印象。去过明治神宫的人不会只记得明治神宫幽深处的那座正殿建筑，而是在穿过那片圣域绿荫、走过那段鹅卵石的路之后，感慨在幽深之处居然还有一座建筑，其记忆因这番感慨而深刻。这才是所谓现代的纪念性建筑吧，我这么理解。

茂木：嗯，太棒了。对外国朋友来说，到这里不仅可以参观正殿，同时还可以体味那片圣域绿荫。其实，明治神宫的那片圣域绿荫并非自然林，而是当时人们在100年前考虑到100年后所栽下的365种树木形成的。日本人当中还是有一种精神的。

隈：而且，还有当今现代科技飞速发展的优势。

茂木：传说，要在新国立体育场用地范围内再现《春天的小溪》中的景象？

隈：涩谷川在当年经济高速增长时期被填埋了，我们想让涩谷川重新流动起来。（据说，作为童谣《春天的小溪》创作题材中的那条河是涩谷川的一条支流。）

茂木：日本也终于开始行动了，真让人高兴呀。

隈：再现小溪这件事，从一开始就列入重启设计招标A方案的技术提案书了。我们的提案书，相比建筑造型该如何，我们更多的是将关注力放在诸如再现《春天的小溪》、给市民一个随时都开放的空中通道、周边的绿化在30年之后将形成怎样的绿化带等方面。

茂木：或许有人会问，2020年东京奥运会将留下什么遗产？那时我会告诉他，是一条小溪，是一片绿荫。从这个意义看，这是和明治神宫很贴近的思想，和外苑那片绿荫十分吻合。我想，这也正是现在大家最希望看到的。新国立体育场对日本、对东京来说，将成为一个多彩华丽的转折点。我有点儿兴奋地快按捺不住了，能决定以这种形式来建造，简直太棒了。

后记 | 隈研吾

很多事情恰如当初预料的那样发生了，但批评来自同为建筑师的前辈们是我始料不及的。或许新国立体育场设计方案的哪个部分刺痛了他们吧。至于其他，类似恐吓的信件或电子邮件也收到不少，但这些都不如与我十分相知、熟悉的矶崎新、伊东丰雄等人的批评让我难过、无法承受。

即便如此，设计图纸还是要继续绘制下去的。我只好把这些看作是山雨欲来风满楼，这些批评是我为此必须承受的。因为建筑的世界正在酝酿一场决定性的改变，且社会与建筑之间的关系也在酝酿一场彻底的改变，所以反应才会如此剧烈吧，我这样想。但是，究竟要发生怎样的改变呢?

1964年的东京奥运会，10岁的我在父亲的引领下站在丹下健三设计的代代木国立综合体育馆的前面，我那时想，天下居然还有这么壮观的建筑，受到震撼之后，我在心里发誓将来要从事建筑家的工作。

我的家距离新横滨车站很近。新干线就从附近可以抓到蝲蛄[①]的稻田经过。我曾去看过施工中那矗立的、由混凝土建造的巨大的高架桥，在它面前一直傻傻地站着。混凝土真是厉害，这样想着，仰着头在那里发呆。

但今天再看到混凝土，我的心情就会很糟。为什么非要建成那么硬邦邦、冷冰冰、沉甸甸的东西呢？为什么必须和这样的建筑生活在一起呢？每当想到这些，心情就会变得晦暗。在1964年到2020年之间一定发生了什么。经过50

---

① 译者注：蝲蛄，俗称淡水螯虾，有别于小龙虾。

年的风风雨雨，原来人会发生如此的改变，原来社会会发生如此的改变。

设计代代木国立综合体育馆的丹下健三先生生于1913年，他被誉为日本建筑界的第一代人。当然，在丹下健三先生之前，日本也有很多建筑家。比如，明治时期设计过日本银行本部和东京车站的辰野金吾先生，设计过筑地本愿寺的伊东忠太先生为代表的诸多建筑家。但是，或许是因为丹下先生设计的代代木国立综合体育馆象征着战后的日本，象征着战后的复兴，所以才被誉为第一代吧。其实，代代木国立综合体育馆不单单是象征战后的日本，该建筑还是象征工业化社会的那个年代，象征整个20世纪那个年代的杰作。那个年代模糊且看不透，人们利用混凝土和钢铁这一工业化社会的代表性材料，给予了它一个令人难以置信的美轮美奂的形态。混凝土的支柱高耸着指向天空，钢筋缆绳以呼啸的强劲之势连接着支柱和大地。

工业累累硕果，经济增长的喜悦备受赞誉。走遍世界，到处都是宛如山峰般的近代建筑，所以我的结论是，20世纪的建筑无人可比。

日本建筑家以丹下先生为参照标准，在之后被划分为第二代、第三代，而所有这一切皆因代代木国立综合体育馆的特殊存在。

第二代建筑家是槙文彦（生于1928年）、矶崎新（生于1931年）、黑川纪章（生于1934年）。丹下先生的顶峰期是20世纪60年代，之后的70年代、80年代则是第二代的天下。日本经济上升势头依然强劲，他们为此做了诸多努力和贡献。但是，作为建筑家他们是否处在一个幸运的年代呢，我对此颇有疑问。

话说当时日本社会正在发生从个体走向组织这一社会体系的转型。也就是说，凭借突出的个人能力改变世界的那个“热血”时代终结了，若不依赖组织的力量，你将一事无成。一个复杂至极的“大社会”到来了。

事实上，一个以大型设计机构组织、大型建筑工程公司、大型住宅厂家为核心打造建筑和城市的时代来临了。那么一直以来都是凭借个人的造型能力、想象力的那些建筑家又该如何逾越这困境呢？

矶崎新先生指出，还有艺术这条路可走。说得简明易懂一些，就是向社会举旗造反，建造突出、别样的东西。在矶崎新先生指出建筑家面前还剩下这条路之后，建筑界的结构发生了彻底改变。20世纪70年代，人们说矶崎新先生"爆发了"。那些稀疏平常的建筑实在太难看了，若没有爆发出矶崎新先生那样的艺术性就只能说太土气了。生活在20世纪70年代的建筑家对此心领神会。对于我这一代人来说，那时的爆发是压倒性的。

这之后的第三代——出生在20世纪40年代的安藤忠雄、伊东丰雄等人也在矶崎新先生铺设的轨道上以艺术家的身份奔跑。他们活跃在

20世纪80年代，那时的日本已明显开始走下坡路了。经济增长的衰退已经显现，人们开始对工业化社会本身投去怀疑的目光。于是，第三代人一边审时度势，一边作为艺术家试图通过建筑抨击社会。安藤先生用混凝土封闭式箱子创造他的艺术，伊东先生则用透明的玻璃或金属网创造他的艺术。

我生于1954年，在建筑界里被划分为第四代，经历过泡沫经济的破灭以及两次大地震的灾害。相比第三代那个时期，此时的日本愈加打不起精神了。在如此沉闷的气氛中，我决心与艺术型建筑师诀别。因为我已经察觉到，所谓艺术家建造的突出、别样的建筑只会被社会所唾弃。因为我已经感觉到，在地震灾害之后的沉闷气氛中，即当你知道所有的一切在大自然的力量面前是那么脆弱和枉然的那种气氛中时，所谓艺术的建筑是不适宜的。新国立体育场第一次设计大赛选定的扎哈·哈迪德设计的方案就是艺术性建筑的典型。艺术家展示的独特造诣并不是谁都想要的，反正我是这样想的，很多日本人也是这样想的。

矶崎新先生铺设的“艺术型建筑师”这条路线，不仅席卷了20世纪70年代、80年代的日本，整个世界的建筑界也由此发生了改变。一个不是艺术型的建筑师会被认为是乡巴佬。在这条崭新的艺术家道路上，力拔头筹的当属扎哈·哈迪德女士。扎哈女士具有力压群雄的造型能力，她横扫全球的设计大赛。我在世界各地的设计大赛与她争过高下。若论胜率，扎哈女士对我是压倒性的。

白色尖尖的、看上去可以割破手指的模型以及利用航空器研发软件绘制的极具魄力的工程效果图总是能够征服评委，我们屡战屡败。在伊斯坦布尔、在萨尔迪尼亚、在北京、在台北，我们都败在她的手下。我不断思考着，用什么办法才能超越、战胜她。我的内心告诉我，若找不到与她不同的那条路，就没有自己的未来。

从这个意义上讲，矶崎先生和扎哈女士就是我的兄长和姐姐，为了超越艺术型建筑师的存在，我一直都十分关注他们二位。所以，当听到扎哈女士突然去世的消息时，我痛不欲生。最应该看到我努力的那个人忽然不在了，挡在我眼前最高大、最难以逾越的那面墙突然消失了，只剩下我自己一个人，寂寞。我第一次尝到了孤独的滋味。

一连串的地震灾难与时代的转换有着很大的关系。在日本东北部大地震受灾最严重的宫城石卷地区，有我设计的建筑。地震过后的两周内全无音信，虽然我不断地打电话，但始终无法接通。就在我打算放弃的时候，电话铃声响起“谢天谢地呀，那建筑没有问题”。地震灾害告诉我们，人类是多么渺小。若认为自己的存在就像艺术夸张的那样高大，实在只是一种虚幻。在地震灾害面前，有一种彻悟，我们的存在完全就如弱小的蝼蚁一般。

此次发生地震的熊本地区，有一家名叫滨田酱油的公司。他们敢与大型酱油公司相抗衡，一直使用很小很古老的木桶酿造并以匠心的精神酿造着很有特色的酱油。为了帮助这家公司，我从2003年开始协助他们对酿造木桶进行改造修复。这是一项根本无法在建筑杂志上发表的、非常普通的项目，自然更不可能成为所谓的艺术作品。但我和滨田先生脾气相投，只是觉得那酿造的木桶若彻底坏掉了实在可惜，因此尽管没有任何预算费用，我还是很努力地协助他们完成改造。每次前往熊本，能和滨田先生蘸着滨田酱油，吃着马肉刺身，实在是快活得很。

电话终于接通了，“多亏了你呀，真的太感谢了”，听到电话那边滨田先生的声音，我想这是12年来最好的回报吧。那古老的酿造木桶当时已经有了裂痕，墙壁也有一些倾斜，好在经过我们一点一点地修复和改造，最终没有被地震损坏。话说在熊本有一个名叫“艺术城”[①]（Kumamoto Art polis，简称：KAP）的地方政府项目，建筑方面最早由矶崎新先生负责，那是一个华丽的艺术建筑集群。而打算踏上不同于艺术之路的我，却偶然挽救了一个古老的酿造木桶。

体验过地震灾害之后，我对组织与艺术家这一结构本身已经感到厌倦。况且组织这一框架的约束力，从来就是不牢固的，甚至是靠不住的。在地震面前，大家无一例外地都变成了蝼蚁。无论你是组织中的精英还是天才艺术家，所有人在摇摆的大地上都是只会颤抖的蝼蚁。是的，身居组织中的小人物凭借一己之力也可以发声，但不在组织中的小人物若想做什么大项目的话，召集众多的小人物组成一个团队还

---

① 熊本“艺术城”被海外媒体誉为“整个熊本县就是建筑博物馆，在全世界没有第二”。在 1988 年，“艺术城”成为熊本县的公共事业。每年会推选一个项目给予表彰，目的是希望通过建筑和城市规划提升城市文化。建筑方面的第一代最高负责人是矶崎新先生。

是可以的。

因此，如今组织和艺术家这一结构本身已经失去了它原有的意义，与现实发生了乖离。

我在新国立体育场这一工作中的做法，既不是艺术家的也不是组织的，而是思考着以完全不同的形式去解决大问题。也许，我的这种做法对那些不愿失去对艺术深怀自豪感的建筑界前辈们来说是最难以容忍的吧。

在日本，以组织和艺术这一结构为前提的模式始于20世纪70年代以后。但这一结构模式因地震灾害变得完全失去了功效。1923年，保罗·克洛岱尔（Paul Claudel，1868—1955，法国诗人、剧作家与外交家）曾作为法国大使经历过日本关东大地震。他曾这样写道："日本人通过大地的摇摆证实神灵的存在。"是的，日本人一直都在证实，在神的面前，我们所有人都是蝼蚁般的存在。

恰如我的工作方式和木材这种素材的关系

一样，混凝土这种素材和大型组织可谓十分投缘。工作若不在这组织体系中开展，你是不可能建造混凝土建筑的。因此，20世纪是大型组织的时代，是混凝土的时代。

木材就不一样了。它以完全不同的原理将人与自然结合在一起。工匠一个人，既自己搬运木材，还要自己去拼装组合。他既不是艺术家，也不归属哪个大型组织，但木造建筑仍如雨后春笋。

在昔日的日本，这是极普通的事。既没有所谓的艺术家，也没有所谓的大型组织，但社会依旧运转着。换言之，在不断摇摆的大地上，日本社会曾以木材这样小小的、轻灵的、柔和的、温润的素材为核心，温良地运转过。以木材为媒介，人与自然和谐相处。

挽回这样的社会是我最大的愿望。我祈祷，新国立体育场能够成为上述新时代的象征，因为那里涵盖了1964年和2020年这两个年代的意义。所以要使用木材。要使用很多、很多的木材。

竹屋。在斜坡上修建的细长建筑，外墙均由竹制的烟窗覆盖（图 13）

高知县梼原町的“云上宾馆”的配楼。由当地的食材市场和住宿设施构成，外墙使用了茅草（图 14）

我为什么要建造新国立体育场

建筑家·隈研吾的感悟

kuma kengo

隈研吾

山东人民出版社·济南
国家一级出版社 全国百佳图书出版单位

图书在版编目（CIP）数据

我为什么要建造新国立体育场/(日）隈研吾著；李达章译．--济南：山东人民出版社，2019.9

ISBN 978-7-209-10998-7

Ⅰ．①我… Ⅱ．①隈… ②李… Ⅲ．①体育场－建筑设计－研究－日本 Ⅳ．①TU245.4

中国版本图书馆CIP数据核字(2017)第197286号

我为什么要建造新国立体育场

WOWEISHENMEYAOJIANZAOXINGUOLITIYUCHANG

（日）隈研吾　著　李达章　译

主管单位　山东出版传媒股份有限公司
出版发行　山东人民出版社
出 版 人　胡长青
社　　址　济南市英雄山路165号
邮　　编　250002
电　　话　总编室（0531）82098914
　　　　　市场部（0531）82098027
网　　址　http://www.sd-book.com.cn
印　　装　山东新华印务有限责任公司
经　　销　新华书店

规　　格　32开（130mm×185mm）
印　　张　7
字　　数　70千字
版　　次　2019年9月第1版
印　　次　2019年9月第1次
ISBN 978-7-209-10998-7
定　　价　48.00元

如有印装质量问题，请与出版社总编室联系调换。